甘蔗
优异种质资源与主栽品种

SUGARCANE ELITE GERMPLASMS
AND MAIN VARIETIES

黄东亮　张保青　黄玉新　主编

中国农业出版社
农村读物出版社
北　京

编委会

前言

　　甘蔗是最重要的糖料作物和最有潜力的生物能源作物之一，全世界90％的食糖来源于甘蔗。甘蔗新品种选育是蔗糖业可持续发展的重要保障。世界主要产糖国均把甘蔗品种选育和应用作为重要的增产增效措施，把品种的不断更新换代以及甘蔗品种多样性作为糖业稳定发展的前提。甘蔗种质资源是甘蔗新品种选育的物质基础，是支撑糖业可持续发展的战略性资源。甘蔗种质资源包括栽培种、野生种和中间材料等在内的所有可利用的遗传资源，是在长期自然选择和人工选择过程中形成的，各种质资源携带着不同的基因，是品种选育和生物学理论研究不可缺少的基础材料来源。

　　本书编写团队长期从事甘蔗种质资源收集、评价、创新利用、遗传育种、分子育种等研究，积累了丰富的资源与创新利用技术和经验，为甘蔗新品种选育提供了物质和技术支撑。本书总结了国家重点研发计划项目课题"甘蔗种质资源的精准评价和优异基因挖掘"（2019YFD1000503）的研究成果，并参考国内外相关资料，评价出对甘蔗育种具有重要价值的种质资源，并进行介绍，同时，还增加了历年来广西和云南蔗区主要栽培品种的重要信息等内容。全书分为7部分，分别收录了强宿根种质、抗黑穗病种质、抗白条病种质、抗花叶病种质、氮高效利用种质以及历年来广西和云南的主栽优良品种。希望此书的出版能为甘蔗优异种质利用和基因发掘、甘蔗新品种选育和高效栽培等提供参考。

　　本书的研究工作得到了国家重点研发计划项目（2019YFD1000500）、广西科技重大专项（AA22117002-1）和广西重点研发计划项目（AB22035028）的资助，编写过程也得到了许多专家的指导，在此一并表示衷心的感谢！

　　由于作者业务水平和收集资料有限，疏漏之处在所难免，敬请读者指正！

编　者

2022年11月

目录

一、强宿根性优异甘蔗种质资源

Co997

品种来源： 印度哥印拜陀甘蔗育种研究所（Sugarcane Breeding Institute，Coimbatore）。

特征特性： 植株直立，蔗茎均匀，株高矮；无气根、中小茎，节间圆筒形，曝光前节间颜色黄绿色，曝光后节间颜色黄绿色，薄蜡粉，无木栓，无水裂，空心，轻蒲心，生长带凸出，根点成行排列；芽圆形，下芽位，无芽沟，叶姿挺直；叶色绿色，不易脱叶；无57号毛群，内叶耳披针型，外叶耳退化。

优良特性： 宿根性强。

产量和糖分表现： 平均蔗产量1.95吨/亩*，11月下旬田间锤度18.24%。

适宜地区： 适宜在土壤疏松，中等以上肥力的蔗区种植。

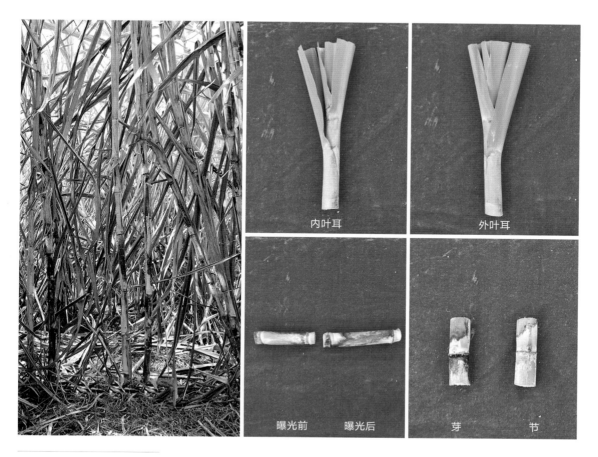

内叶耳　　　　　外叶耳

曝光前　曝光后　　　芽　　节

---

* 亩为非法定计量单位，1亩=1/15公顷。余后同。——编者注

Co1056

品种来源： 印度哥印拜陀甘蔗育种研究所（Sugarcane Breeding Institute, Coimbatore）。

特征特性： 植株直立，蔗茎均匀，株高较高；有气根，中茎，重蒲心，节间圆筒形，曝光前节间颜色黄绿色，曝光后节间颜色红色，无蜡粉，生长带凸出，无芽沟，无生长裂缝，条纹状木栓，芽卵圆形，下芽位；根点成行排列；叶色深绿色，叶姿挺直，叶尖下垂，叶鞘淡紫色，易脱叶；57号毛群少，内叶耳、外叶耳均退化。

优良特性： 宿根性强，耐旱。

产量和糖分表现： 平均蔗产量4.79吨/亩，11月下旬田间锤度7.30%。

适宜地区： 适宜在土壤疏松，中等以上肥力的蔗区种植。

内叶耳　　　　　　外叶耳

曝光前　　曝光后　　　　芽　　　节

福建大野

品种来源： 野生种质，大茎野生种。

特征特性： 植株直立，中茎；节间圆筒形，曝光前黄绿色，曝光充足呈红色；芽沟浅，芽卵圆形，下位芽；有气生根，蜡粉薄，无木栓，无水裂，内叶耳退化，外叶耳三角形；叶姿披散，无57号毛群。

优良特性： 宿根发株率高，宿根性强。

产量和糖分表现： 新植宿根平均亩产蔗茎7.11吨，11月下旬平均田间锤度14.24%。

适宜地区： 适宜在土壤肥力中等以上的蔗区种植。

内叶耳　　　外叶耳

曝光前　　　曝光后　　　芽　　　节

桂糖02-1247（GT02-1247）

品种来源： 广西壮族自治区农业科学院甘蔗研究所从粤糖85-177×CP81-1254杂交组合选育出来的亲本材料。

特征特性： 蔗茎直立，生势好，株高一般，中茎；蔗芽呈圆形，平位芽；有条纹状木栓，节间细腰形，曝光前茎色呈黄绿色，曝光久后为红色；无芽沟，蜡粉薄；叶尖挺直下垂，叶鞘淡绿色；外叶耳三角形，内叶耳披针形，有少量57号毛群，易脱叶。

优良特性： 宿根性强，在大田自然条件下黑穗病发病率0.08%，表现为高抗黑穗病。

产量和糖分表现： 广西区域试验结果，平均产蔗量7.13吨/亩，平均蔗糖分13.75%，平均含糖量0.98吨/亩。

适宜地区： 适宜在广西土壤疏松，中等以上肥力的旱地和水田蔗区种植。

内叶耳   外叶耳

曝光前   曝光后   芽   节

桂糖05-3217（GT05-3217）

品种来源： 广西壮族自治区农业科学院甘蔗研究所从粤糖85-177×桂糖92-66杂交组合选育出来的亲本材料。

特征特性： 株高一般，株型略散，中至中大茎，有效茎数多；蔗茎均匀，茎直，节间圆筒形；芽卵圆形，芽尖不过生长带；曝光前茎色呈黄绿色，曝光久后为黄色，芽沟深，蜡粉厚；外叶耳镰刀形，内叶耳退化；57号毛群少，易剥叶。

优良特性： 宿根性强，较抗旱。

产量和糖分表现： 2015—2016年广西龙州区试点平均蔗产量7.44吨/亩，平均蔗糖分14.40%。

适宜地区： 适宜在广西土壤疏松，中等以上肥力的旱地和坡地种植。

内叶耳　　　　　　外叶耳

曝光前　　曝光后　　　　芽　　　节

桂糖09-816（GT09-816）

品种来源： 广西壮族自治区农业科学院甘蔗研究所。

特征特性： 植株直立，蔗茎均匀，株高一般；有气根，中大茎，节间圆筒形，曝光前节间颜色红色，曝光后节间颜色红色，厚蜡粉，无木栓，无水裂，实心，生长带凸出，根点成行排列；芽圆形，下芽位，芽沟浅；叶姿披散，叶色深绿色，易脱叶；57号毛群少。内叶耳披针形，外叶耳三角形。

优良特性： 宿根性强。

产量和糖分表现： 平均蔗产量3.92吨/亩，11月下旬田间锤度19.00%。

适宜地区： 适宜在土壤疏松，中等以上肥力的蔗区种植。

内叶耳　　　　外叶耳

曝光前　　曝光后　　　　芽　　节

桂糖14号（GT14）

品种来源：品系名GT83-492；广西壮族自治区农业科学院甘蔗研究所于1982年冬，以粤糖63-237为母本、崖城72-351为父本，委托海南甘蔗育种场进行有性杂交，得到种子后在该所经过9年试验鉴定选育而成的中熟品种，1996年8月5日通过广西壮族自治区品种审定。

特征特性：蔗茎中等，植株高，节间长，蔗茎遮光部分为浅紫红色，露光部分为暗褐色，蜡粉较厚，呈灰白色，节间圆筒形，有水裂和木栓斑块；芽卵形或菱形，较大，芽尖达生长带，向外翘起，芽沟明显；叶鞘紫红色、易脱落，鞘背有少量毛群，叶片青绿色，较长，易脱叶。

优良特性：萌芽率高，分蘖强，成茎率高，宿根性强；高抗黑穗病；中抗白条病；耐旱耐寒性强。

产量和糖分表现：广西壮族自治区农业科学院甘蔗研究所于1986—1989年，进行3年春植宿根品种比较（品比）试验，平均亩产蔗量5.61吨，10月至翌年1月平均蔗糖分13.2%。

适宜地区：适宜在桂中、桂南蔗区中等肥力以上的旱坡地种植。

内叶耳　　　　外叶耳

曝光前　曝光后　　　节　　芽

桂糖28号（GT28）

品种来源： 品系名GT00-122；广西壮族自治区农业科学院甘蔗研究所从CP80-1018×CP88-2032杂交组合经历8年的试验研究而育成，2008年3月通过广西农作物品种审定。

特征特性： 蔗茎直立、较均匀，株型紧凑，叶片浓绿色，上部嫩叶较挺直，中下部较老叶尾部或中部弯曲，生势好，尾部较粗大；蔗芽菱形且较大，下平叶痕，上平齐或过生长带，有芽翼；中茎至中大茎，节间圆筒形至腰鼓形；茎色遮光部分淡绿色，曝光久后为古铜色；有芽沟，有蜡粉；叶鞘淡绿色，外叶耳平过渡或三角形，内叶耳披针形；有少量57号毛群，极易脱叶。

优良特性： 宿根性强，耐寒性强，抗旱性强。

产量和糖分表现： 2005—2006年参加广西甘蔗品种区域试验，两年新植和一年宿根试验，甘蔗平均亩产5.75吨，11月至翌年2月新植宿根平均蔗糖分16.60%。

适宜地区： 可在中等肥力以上的旱坡地种植。

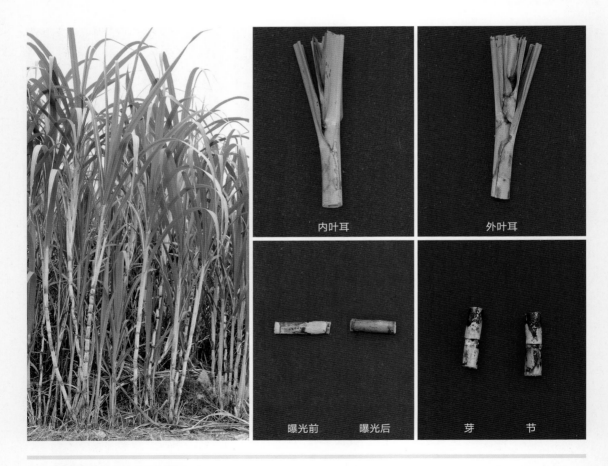

内叶耳 外叶耳

曝光前 曝光后 芽 节

桂糖29号（GT29）

品种来源： 品系名GT02-761；广西壮族自治区农业科学院甘蔗研究所从崖城94-46×新台糖22号杂交组合中选育，2010年通过广西农作物品种审定。

特征特性： 早熟高产高糖，萌芽表现好，分蘖力强，植株直立紧凑，高度中等；中茎，节间圆筒形，蔗茎较均匀，蔗茎遮光部分黄绿色，露光为紫红色；芽呈卵圆形，略凸出，叶鞘易脱落，蔗芽易被碰伤，芽基离叶痕，芽尖不超过生长带；芽沟浅或不明显；叶片青绿色，易剥叶；57号毛群少；内叶耳三角形。

优良特性： 宿根性强，宿根年限可达4～5年；高抗黑穗病；抗寒性强。

产量和糖分表现： 2007—2008年广西品种区域试验，两年新植和一年宿根试验，甘蔗平均亩产6.41吨，平均蔗糖分15.61%。

适宜地区： 适宜在中等至中等以上肥力的旱坡地种植，广西主栽品种。

内叶耳　　　　　　外叶耳

曝光前　　曝光后　　　　芽　　　节

桂糖44号（GT44）

品种来源： 品系名GT04-1545；广西壮族自治区农业科学院甘蔗研究所从新台糖1号×桂糖92-66杂交组合中选育，2014年通过广西农作物品种审定。

特征特性： 植株直立均匀，亩有效茎数多，丰产稳产，高糖，宿根性强；中茎，芽圆形，芽翼大小中等，芽基不离叶痕，芽沟不明显，芽尖未到或齐平生长带；叶片宽度中等，长度中等，颜色绿色，叶片厚且光滑，叶鞘长度中等，叶鞘浅紫红色；茎圆筒形，节间颜色曝光后紫色，曝光前黄绿色；茎表皮蜡粉多，蔗茎实心；57号毛群少，内叶耳三角形，外叶耳退化，易剥叶。

优良特性： 宿根性强，宿根年限4～5年；适合机械化收获，抗倒伏；中抗黑穗病；抗寒性强；氮利用效率高，氮利用率（以干重计）123.18克/克，正常氮条件下SPAD35～38，叶片氮含量11～12毫克/克；无氮条件下SPAD31～34，叶片氮含量9～10毫克/克。

产量和糖分表现： 2012—2013年广西品种区域试验两年新植和一年宿根试验，甘蔗平均亩产7.19吨，11月至翌年2月平均蔗糖分15.25%。

适宜地区： 适宜在广西、广东、云南等省份中等以上肥力的旱地和水田蔗区种植，广西主栽品种。

内叶耳　　外叶耳

曝光前　曝光后　　芽　　节

桂糖46号（GT46）

品种来源： 品系名GT06-244；广西壮族自治区农业科学院甘蔗研究所从粤糖85-177×新台糖25号杂交组合中选育，2015年6月通过广西农作物品种审定（桂审蔗2015001）。

特征特性： 株型高大、直立、整齐、均匀；中大茎，茎圆筒形，曝光前黄色，曝光后浅棕红到黄绿色，茎表皮光滑，节间长度中等，蜡粉多，有效茎多，脱叶性很好，可自动脱叶到上部；芽圆形或三角形，芽翼大小中等，芽基离叶痕，芽尖过生长带，芽尖有毛，芽沟明显且较长；叶色浓绿，叶片厚、宽、长，叶鞘上蜡粉多，叶鞘短，叶鞘绿色夹少许红色，内叶耳披针形，外叶耳过渡形；57号毛群少、短、易脱落。

优良特性： 宿根性好，中熟，高糖，有效茎多，生长整齐、均匀，抗倒伏能力强，极易脱叶，适宜机械化；中抗梢腐病，高抗花叶病，耐寒耐旱。

产量和糖分表现： 新植蔗平均亩产蔗茎7.63吨，宿根蔗平均亩产蔗茎7.29吨，平均蔗糖分14.40%。

适宜地区： 适宜在土壤疏松、中等以上肥力的旱地和水田蔗区种植，广西主栽品种。

内叶耳　　　　　　外叶耳

曝光前　　曝光后　　　　芽　　　　节

桂糖49号（GT49）

品种来源： 品系名GT07-994；广西壮族自治区农业科学院甘蔗研究所从赣蔗14号×新台糖22号杂交组合中选育，2016年通过广西农作物品种审定。

特征特性： 幼苗直立，幼叶较细，叶鞘紫色，植株直立；中茎，实心，蔗茎均匀，节间圆筒形，茎遮光部分呈青黄色，曝光部分呈深紫色，有黑色蜡粉，芽沟短浅，无生长裂缝和木栓斑，无气生根；芽圆形，芽体较小，下平叶痕，上齐生长带，芽翼较大，位于中上部；根点黄色，2～3排，不规则排列；叶色浓绿，叶尖弯垂；叶鞘淡紫色，易脱叶；57号毛群发达，但毛群柔软，叶片老熟时毛群易掉落；内叶耳短披针形，外叶耳过渡形。

优良特性： 宿根性强；高抗梢腐病；抗倒伏能力较强；氮利用效率高，氮利用率（以干重计）137.22克/克，正常氮条件下SPAD43～44，叶片氮含量12～13毫克/克；无氮条件下SPAD32～36，叶片氮含量10～11毫克/克。

产量和糖分表现： 2013—2014年广西两年新植和一年宿根区域试验，甘蔗平均亩产6.91吨；11月至翌年2月平均蔗糖分14.77%。

适宜地区： 适宜在土壤疏松，中等以上肥力的蔗区种植，广西主栽品种。

内叶耳　　　　　外叶耳

曝光前　　曝光后　　　　芽　　节

桂引B9

品种来源： 由广西壮族自治区农业科学院甘蔗研究所于1998年10月从巴西引进RB92/8064健康组培苗，后经长期系统选育而成。

特征特性： 蔗株直立，叶片长度、宽度中等；叶鞘浅绿色，蜡粉少，易脱落；芽体椭圆形，基部着生在叶痕上，芽尖超过生长带，芽沟较浅，有10号毛群；蔗茎较长，中茎，节间圆筒形，茎色黄绿，蔗茎蜡粉厚。

优良特性： 经济效益高，宿根能力强，适应性广，抗旱抗寒能力强。

产量和糖分表现： 新植蔗平均亩产蔗茎6.94吨，宿根蔗平均亩产蔗茎6.22吨，平均蔗糖分15.66%。

适宜地区： 适宜在土壤肥力中等以上的蔗区种植。

内叶耳　　　　　　外叶耳

曝光前　　曝光后　　　芽　　　节

芒高（Mungo）

品种来源：印度种。

特征特性：植株矮小，株型直立，节间圆筒形，茎细，茎径一般为1.0～1.5厘米，茎色黄绿，外皮坚硬，蜡粉厚，成熟时茎有空心，蒲心严重；芽细小，卵形，芽尖不超生长带，芽翼周围有缺刻，并有长毛；内叶耳披针形，外叶耳退化；叶片狭窄，中脉不发达；花穗小而短，分枝少而下垂，穗轴有长毛，鳞被无毛，难开花，花粉发育良好。

优良特性：分蘖多，宿根性好，纤维多，早熟，耐旱、耐瘠、耐寒性均较强，抗病虫害能力强，耐粗放栽培。

产量和糖分表现：新植宿根平均亩产蔗茎0.96吨，11月下旬田间锤度13.28%。

适宜地区：适宜种植在土壤肥力中等以上的蔗区。

内叶耳　　　　　　　　　　外叶耳

曝光前　曝光后　　　　　　芽　　节

F164

品种来源：台湾糖业研究所从杂交组合PT51-52×55-2172的实生苗后代中选育，1970年命名推广。

特征特性：中大茎，节间圆筒形，无生长裂缝，芽沟不明显；芽圆形而细，芽尖未达生长带，芽翼宽度中等；叶片宽大挺直，尾端弯垂，57号毛群发达；内叶耳为小三角形，外叶耳为过渡形，脱叶性中等；感染叶枯病、白叶病。

优良特性：宿根性强，抗叶烧病、嵌纹病、露菌病，中抗赤腐病。

产量和糖分表现：平均蔗产量6.12吨/亩，11月下旬田间锤度16.52%。

适宜地区：适于在有灌溉地力的土地栽培。

内叶耳　　　　外叶耳

曝光前　　曝光后　　　　芽　　　节

新台糖10号（ROC10）

品种来源：品系名76-685；台湾糖业研究所从新台糖5号×F152杂交组合选育，1984年命名推广；1986年由广东省农业科学技术交流中心、广东省农业厅经济作物处引进大陆种植；1993年通过广东省农作物品种认定，品种认定编号为粤审糖1993004。

特征特性：蔗株紧凑直立，中至中大茎，节间圆筒形，茎皮浅黄绿色，剥叶曝光后呈翠绿色，曝光久后转为黄绿色；表皮层蜡粉厚，蜡粉带明显，无生长裂缝和木栓裂痕，芽沟浅而长，生长带凸出，呈黄色，曝光后呈黄绿色，根点明显，三排，排列不规则；成熟芽为卵圆形，饱满而凸出，芽顶达生长带，芽翼中等，芽基略离叶痕，芽体正面毛群不发达，无57号毛群；叶姿挺立，叶色浓绿，宽度中等，叶片直立，顶端略弯垂；叶鞘绿色，浅覆蜡粉，内叶耳为三角形，外叶耳为过渡形，叶舌呈倾斜新月形。

优良特性：宿根性强，宿根萌芽迅速整齐；中抗白条病；抗风能力强；高产，高糖，适应性广。

产量和糖分表现：新植宿根平均亩产蔗茎7.5吨，平均蔗糖分14.63%。

适宜地区：适宜在广东省各生态蔗区种植，尤以中等肥水条件以上土地种植较好。

内叶耳　　　　　　　外叶耳

曝光前　　曝光后　　　　芽　　　节

新台糖20号（ROC20）

品种来源： 品系名85-6409；台湾糖业研究所从69-463×68-2599杂交组合中选育，1994年4月22日通过品种审定；后由云南农业大学、云南省农业厅、云南省农业科学院甘蔗研究所从台湾糖业研究所引进大陆种植。

特征特性： 中至中细茎，节间类似圆筒形，蔗茎剥叶前为浅紫红色，剥叶初期为紫红色，阳光曝晒后呈深紫红色；蜡粉层稀薄，无生长裂缝及木栓斑块，芽沟不明显；生长带轻微凸起，呈浅黄色，曝光久后呈深紫红色；芽小，呈椭圆形，芽基部着生于叶痕之上，顶端平齐于生长带，芽翼小，薄而窄，芽孔着生于芽顶；叶片翠绿，心叶直立，成熟叶斜出，中段弯垂；幼叶鞘呈青紫色；57号毛群明显，生长后期脱落；容易脱叶，叶舌新月形，内叶耳披针形，外叶耳平过渡形；萌芽快而整齐，分蘖旺盛，全生育期生势旺盛，成茎率高，不易抽穗。

优良特性： 宿根性强，特早熟，自动脱叶，不易倒伏。

产量和糖分表现： 新植宿根平均亩产蔗茎5.05吨，平均蔗糖分15.37%。

适宜地区： 适宜在西南地区不同类型的蔗区栽培。

内叶耳　　　　外叶耳

曝光前　曝光后　　　芽　　　节

新台糖21号（ROC21）

品种来源： 品系名80-5153；台湾糖业研究所从70-3792×F163杂交组合中选育。

特征特性： 中大至大茎，基部粗大，节间圆筒形，下半部略膨胀，无生长裂缝；蔗茎曝光前淡黄绿色，曝光初期呈淡紫红色，阳光曝晒久后呈深紫红色；蜡粉带被覆层蜡粉；芽卵圆形，芽沟不明显，芽顶超出生长带，芽翼宽度中等；生长带轻微凸起，浅黄色，曝光后呈深紫红色；根点2～3行，呈不规则排列，基部有气根；叶片宽度中等，叶姿挺立，57号毛群不明显，易脱叶；内叶耳披针形，外叶耳略凸，过渡形。

优良特性： 宿根性强；抗叶枯病、褐锈病；中抗露菌病、黑穗病、黄锈病及茎基部干腐病，抗B型嵌纹病，中抗螟虫。

产量和糖分表现： 新植蔗平均亩产蔗茎8.3吨，平均蔗糖分15.12%。

适宜地区： 适宜在地力中等或中等以下红土种植，在较高肥力蔗地种植较易倒伏。

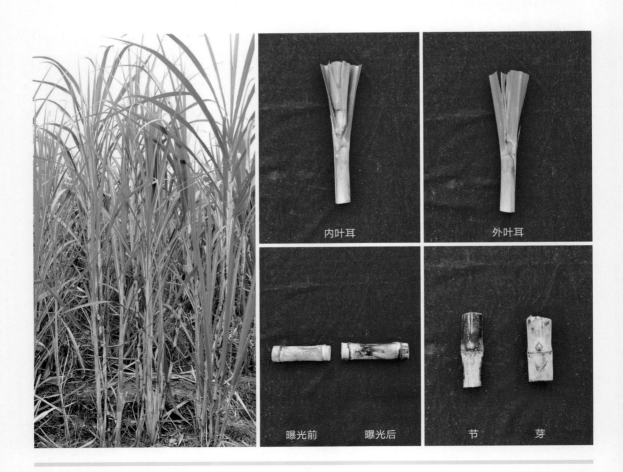

内叶耳　　　　外叶耳

曝光前　　曝光后　　　　节　　　芽

新台糖24号（ROC24）

品种来源： 台湾糖业研究所从杂交组合74-912×CP58-48的实生苗后代中选育，选育时间1998年。

特征特性： 中茎，节间圆筒形，见光前蔗茎呈浅黄绿色，经阳光照射渐呈淡紫色；无生长裂缝与木栓斑块，小空心，蒲心，节间蜡质层较厚，蜡质带不明显；芽为淡黄色倒卵圆形，老芽在叶鞘脱落后向外凸出呈深紫色；芽基稍离叶痕，芽尖顶端未超过生长带，芽翼中等宽度；叶片狭长，宽度中等，叶姿挺立，尖端弯垂，57号毛群不发达；内叶耳广披针形，外叶耳略凸，过渡形。

优良特性： 早熟；宿根性强，耐旱性强；高抗叶枯病；抗叶烧病、黄褐锈病；中感露菌病、黑穗病、嵌纹病。

产量和糖分表现： 平均亩产蔗茎5.34吨，11月中旬平均蔗糖分12.80%，12月中旬蔗糖分13.72%。

适宜地区： 适应性广，尤适于在地力中等或中等以下的壤土、沙壤土、沙土及石砾地栽培。

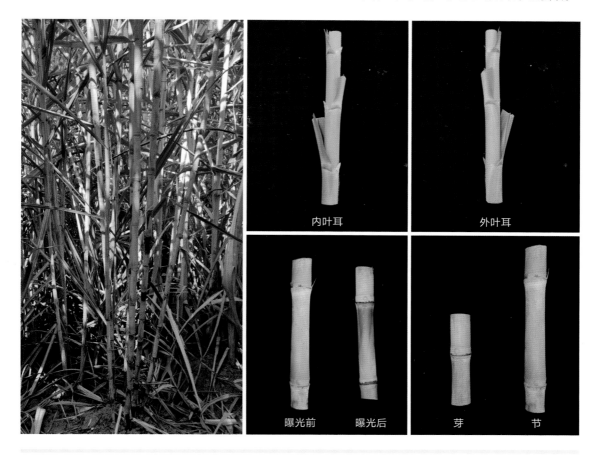

内叶耳　　　　外叶耳

曝光前　曝光后　　　芽　　节

新台糖25号（ROC25）

品种来源：品系名：90-7909；台湾糖业研究所从杂交组合79-6048×69-463的实生苗后代中选育，1999年4月由台湾糖业研究所甘蔗新品种命名评审委员会审议通过。

特征特性：节间圆筒形，叶鞘脱落前蔗茎呈浅黄色，叶鞘脱落后久经阳光曝晒呈浅淡紫色；茎表面覆盖白色蜡粉；芽体中等；叶鞘尚未脱落前幼芽为淡黄色卵圆形，老芽在叶鞘脱落后向外凸出，呈深紫色，芽基紧接着叶痕，生长带位于芽上端呈水平线，从芽上端背面穿过，芽翼宽度中等，着生于芽上半部，芽孔位于上半部，具有10号、7号、8号、16号等毛群；叶片斜出，新叶叶尖直立，老叶尖端弯垂；不易脱落，叶鞘青绿，老叶鞘略带紫色，叶鞘覆盖蜡粉不明显，57号毛群不发达；内叶耳披针形，外叶耳过渡形。

优良特性：宿根性强；抗黑穗病(抗Ⅰ型、感Ⅲ型黑穗病)，霜霉病，叶条枯病，叶焦病和黄锈病，早熟高糖；抗旱性强；适应性广。

产量和糖分表现：新植蔗平均亩产蔗茎6.80吨，宿根蔗平均亩产蔗茎6.90吨，平均蔗糖分14.40%。

适宜地区：适宜在中等肥力以上的田地种植。

内叶耳   外叶耳

曝光前   曝光后   芽   节

崖城95-41（YC95-41）

品种来源： 海南甘蔗育种场从热带种拔地拉（Badila）×野生种斑茅（*E. arundinaceus*）杂交组合中选育，作为斑茅 F_1 亲本进行杂交利用。

特征特性： 植株直立，小茎、茎呈黄绿色，节间圆锥形；蜡粉带厚，无木栓，无水裂，中度蒲心；根点凸出，排列呈2行，紫红色；芽呈矩圆形凸起，下位芽，无芽沟；无气生根，内叶耳三角形，外叶耳退化；叶姿挺直，57号毛群不明显，难脱叶，可见肥厚带（带形）。

优良特性： 宿根性好，抗逆性强。

产量和糖分表现： 新植宿根平均亩产蔗茎2.29吨，11月下旬田间锤度15.12%。

适宜地区： 适宜在土壤肥力中等以上的蔗区种植。

内叶耳　　　　　　外叶耳

曝光前　　曝光后　　　　芽　　　　节

粤糖03-373（YT03-373）

品种来源：广州甘蔗糖业研究所从粤糖92-1278×粤糖93-159杂交组合选育出来的品种，2011年通过国家品种审定。

特征特性：中至中大茎，节间圆筒形，无芽沟；蔗茎遮光部分浅黄白色，露光部分浅黄绿色；蜡粉带明显，蔗茎均匀，无气根；芽体中等，卵形，基部离叶痕，顶端不达生长带；根点2～3行，排列不规则；叶片长、宽中等，心叶直立，株型较好；叶鞘遮光部分浅黄色，露光部分青绿色，易脱叶，57号毛群不发达；内叶耳较长、呈枪形，外叶耳呈三角形。

优良特性：抗旱性中等，抗黑穗病，不易风折和倒伏。

产量和糖分表现：平均蔗茎产量为6.94吨/亩，11月至翌年1月平均蔗糖分15.16%。

适宜地区：适宜在广东省粤西、粤北蔗区中，地力中等或中等以上的旱坡地、水旱田(地)种植。

内叶耳　　　　　　　　　外叶耳

曝光前　曝光后　　　　芽　　　节

粤糖91-976（YT91-976）

品种来源： 广州甘蔗糖业研究所从粤农73-204×CP67-412杂交组合后代中选育，2004年3月通过广东省农作物品种审定。

特征特性： 中熟、中大茎、蔗茎微曲，节间圆筒形，遮光部分灰白色，露光后呈灰褐色，有木栓条纹，蜡质多，蜡粉带不明显；芽卵形，基部着生于叶痕，顶端达生长带，芽沟浅，生长带绿色；根点3行，呈不规则排列；叶片青绿色、挺直；叶鞘黄绿带浅紫色，蜡质一般，有少量57号毛群；肥厚带褐色、方形；内叶耳披针形，外叶耳过渡形。

优良特性： 宿根性强，耐旱、抗倒伏、易开花，花粉量多、活力强、配合力强，后代性状表现突出。

产量和糖分表现： 1994—2001年44点次新植、宿根试验中，平均蔗茎产量6.45吨/亩，平均蔗糖分13.46%

适宜地区： 适宜在粤西旱坡地及沿海地区、肥力中等或中等以上的旱地及水田种植。

内叶耳　　　　　　外叶耳

曝光前　　曝光后　　　　芽　　节

粤糖94-128（YT94-128）

品种来源： 广州甘蔗糖业研究所湛江甘蔗研究中心从湛蔗80-101×新台糖1号杂交组合中选育，2005年通过广东省农作物品种审定。

特征特性： 中至中大茎，基部粗大，节间圆筒形，蜡粉带不明显；蔗茎未露光部分淡黄色，露光部分经阳光曝晒呈青黄色，蔗茎无气根，无生长裂缝与木栓斑块，茎径均匀，茎形美观；根点2～3列，排列无规则；芽体较大，卵形，基部近叶痕，顶端不超生长带，芽翼较窄，着生于芽的上半部，萌芽孔近芽的顶端；叶色青绿，叶片较短，宽度中等，新叶直立，老叶顶端弯垂；鞘背无57号毛群，易脱叶；肥厚带三角形，深紫色，内叶耳较长，披针形，外叶耳过渡形。

优良特性： 宿根性强，可保留5年以上宿根；耐旱；抗风力强，遇台风侵袭不易风折和倒伏，且台风过后恢复生长快；大田自然条件下，未发现黄点病、叶焦病、褐条病、锈病、梢腐病；绵蚜虫危害少，螟害率较低。

产量和糖分表现： 1996—2001年6年试验结果，平均产蔗8.64吨/亩，新植蔗蔗糖分11月14.24%，12月15.84%，翌年1月16.51%。

适宜地区： 适合在广东、广西、云南、海南等地蔗区、地力中等或中等以上的旱坡地或水旱田，作冬植、早春植与保留多年宿根栽培，广西主栽品种。

内叶耳　　　　外叶耳

曝光前　　曝光后　　　芽　　节

云蔗89-351（YZ89-351）

品种来源：云南省农业科学院甘蔗研究所从崖城82-96×桂糖73-167杂交组合中选育，2005年3月通过了全国农作物品种审定。

特征特性：中大茎，蔗茎直立、粗壮均匀；茎色灰绿，曝光后淡紫色；节间圆筒形，蜡粉较厚，有木栓裂纹，无生长裂缝；芽卵圆形，不饱满，芽顶不及生长带，生长带呈绿色并略凸起，无芽沟；根点3～4行，呈不规则排列；叶披散，叶鞘黄绿色，背鞘无毛；内叶耳披针形，外叶耳退化。

优良特性：宿根性强；抗黑穗病、锈病，中抗花叶病；抗旱性强。

产量和糖分表现：平均单产6.86吨/亩，平均蔗糖分14.45%。

适宜地区：适宜各种土壤及栽培类型种植。

内叶耳　　　　　　外叶耳

曝光前　　曝光后　　　芽　　　节

云蔗08-1609（YZ08-1609）

品种来源： 云南省农业科学院甘蔗研究所与云南云蔗科技开发有限公司从云蔗94-343×粤糖00-236杂交组合中选育，2017年获植物新品种保护授权，2018年通过国家非主要农作物品种登记。

特征特性： 早熟、高产高糖品种；中大茎，株型紧凑、直立，节间圆锥形，茎色曝光前黄绿，曝光后黄绿；芽五角形，芽尖到达生长带，芽翼为弧形帽状，芽基与叶痕相平；叶姿拱形，叶片较宽、青绿色，脱叶性好；内叶耳披针形，外叶耳三角形，叶鞘花青苷显色强度中等，57号毛群稀少，茎实心；出苗好、整齐且壮，苗期长势强，分蘖多，成茎率高，蔗株均匀整齐。

优良特性： 宿根性强，抗旱性好，适应性广，高抗花叶病，中抗黑穗病，具有良好的耐转化特性。

产量和糖分表现： 2011—2014年，预备品种试验、品种比较试验和生态试验，平均产量6.47吨/亩，平均蔗糖分15.88%；2015—2016年，云南第十四轮区域试验，新宿蔗平均产量7.24吨/亩，平均蔗糖分15.70%。

适宜地区： 适宜在水田、坝地、旱坡地、台地种植，在中等以上肥力、水肥条件好的蔗地种植增产效果更佳，云南主栽品种。

内叶耳　　　　　外叶耳

曝光前　曝光后　　　芽　　节

中糖1号（ZhongT1）

品种来源：中国热带农业科学院热带生物技术研究所于2011年12月委托海南甘蔗育种场从粤糖99-66×内江03-218杂交组合中选育获得，2018年获得农业农村部非主要农作物新品种登记。

特征特性：中熟高产品种，中大茎至大茎，植株生长直立，节间为圆筒形，节间排列直立，节间横剖面为圆形，实心，芽沟不明显；蔗茎未曝光部分黄绿色，曝光后呈绿色。蜡粉带明显；芽体偏大，近似五角形，芽凸起不明显，无芽沟或很浅，芽尖有10号毛群，57号毛群少；叶色浓绿，叶片长，易脱叶，内外叶耳均为三角形。

优良特性：新植蔗和宿根蔗萌芽快且整齐，分蘖率高，长势好，大茎，植株高，全生长期生长稳健；宿根性强，抗螟虫危害，抗梢腐病，耐旱性强。

产量和糖分表现：在海南试验基地预备品种比较中，一年新植和二年宿根试验，平均亩产蔗茎8.76吨，平均蔗糖分12.44%（对照ROC22平均亩产蔗茎7.17吨，平均蔗糖分为12.60%）。

适宜地区：适宜在土壤疏松，中等以上肥力的旱地和水田蔗区种植。

内叶耳　　　　外叶耳

曝光前　曝光后　　　芽　　节

中蔗9号（ZhongZ9）

品种来源： 广西大学、福建农林大学和崇左市农业科学研究所从新台糖25号 × 云蔗89-7杂交组合中选育，2020年6月通过农业农村部品种登记。

特征特性： 植株直立，株型紧凑，大茎至特大茎，节间圆筒形，芽沟浅或不明显，芽椭圆形，芽基陷入叶痕，芽尖略超过生长带，芽翼着生于芽中上部，较宽；无气生根，内叶耳披针形，叶较挺直、叶尖略微弯曲；无57号毛群，脱叶性好；中晚熟，萌芽快而整齐，出苗率高，苗粗壮均匀，分蘖早且能力强，蔗茎均匀；前中期生长平稳、中后期生长较快，有效茎数较多，宿根发株率高，宿根性强。

优良特性： 高抗黑穗病、花叶病，抗旱抗寒性强；宿根性好，抗逆性强，抗倒伏性好。

产量和糖分表现： 国家甘蔗品种区域试验两年新植和一年宿根试验，平均亩产蔗茎9.22吨，宿根蔗平均亩产蔗茎8.50吨，平均蔗糖分13.19%。

适宜地区： 适宜在土壤肥力中等以上的桂南、桂中和水田蔗区种植。

内叶耳　　　　　　外叶耳

曝光前　曝光后　　　　芽　　　节

二、抗黑穗病优异甘蔗种质资源

桂糖55号（GT55）

品种来源： 品系名GT08-120；广西壮族自治区农业科学院甘蔗研究所从新台糖24号×云蔗89-351杂交组合中选育；2019年获得农业农村部非主要农作物品种登记。

特征特性： 植株高、直立、中茎，易脱叶，节间圆筒形，曝光前黄绿色，曝光充足呈紫红色，无生长裂缝，无芽沟；芽卵圆形，芽翼弧形帽状，芽翼顶部偶见4号、15号毛群（易脱落）；芽尖达到生长带，芽翼下缘达芽的1/2处，芽基与叶痕相平或稍离；叶鞘易剥；57号毛群无或极少；内叶耳披针形；外叶耳三角形（易脱落）。

优良特性： 出苗表现好，前期生长快、封行早，成茎率高，有效茎多，中茎，易脱叶，早中熟，高糖，丰产稳产，宿根性好，抗病性强，高抗黑穗病，适应性广。

产量和糖分表现： 新植蔗平均亩产蔗茎7.45吨，宿根蔗平均亩产蔗茎7.33吨，平均蔗糖分14.82%。

适宜地区： 适合在广西蔗区种植栽培，广西主栽品种。

内叶耳　　　　　　　　外叶耳

曝光前　曝光后　　　　芽　　节

桂糖58号（GT58）

品种来源： 品系名GT08-1589广西壮族自治区农业科学院甘蔗研究所从粤糖85-177×CP81-1254杂交组合中选育，2020年通过国家非主要农作物品种登记。

特征特性： 植株高度中等，中大茎，节间圆筒形，曝光前黄色，曝光后黄绿色，曝光久后呈紫红色，蔗茎基部1至3节略有小空心，无生长裂缝，无芽沟；芽卵圆形，芽翼弧形帽状，芽尖超过生长带，芽翼下缘达芽的1/2处，芽基与叶痕相平；易剥叶，57号毛群少，内叶耳三角形，外叶耳过渡形。

优良特性： 中抗黑穗病、梢腐病，高抗花叶病，抗倒伏性较强。

产量和糖分表现： 广西甘蔗品种区域试验两年新植和一年宿根试验，平均亩产蔗茎7.62吨，平均蔗糖分15.11%。

适宜地区： 适宜在水肥条件较好的中等肥力以上蔗区种植，广西主栽品种。

内叶耳　　　　　　外叶耳

曝光前　　曝光后　　　　芽　　节

桂糖59号（GT59）

品种来源：品系名：GT10-699；广西壮族自治区农业科学院甘蔗研究所从粤糖00-236×新台糖22号杂交组合中选育。

特征特性：早熟，高产高糖，植株直立均匀，亩有效茎数多，丰产稳产，宿根性强；芽卵圆形，芽翼大小中等，芽基不离叶痕，芽沟浅，芽尖齐平生长带；叶片宽度中等，长度中等，绿色，叶片厚且光滑，叶鞘长度中等，浅紫红色，叶姿披散；茎圆筒形，节间颜色曝光前黄色，曝光后黄绿色；茎表皮蜡粉带厚，蔗茎实心；57号毛群少，内叶耳披针形，外叶耳三角形，易剥叶。

优良特性：高抗黑穗病；抗倒伏。

产量和糖分表现：新植宿根平均亩产蔗茎6.46吨，平均蔗糖分15.46%。

适宜地区：适宜在质地疏松，排水良好的中等以上肥力的土壤种植；在有灌溉条件的土壤上种植，更能发挥其高产高糖优势，广西主栽品种。

内叶耳　　　　　外叶耳

曝光前　曝光后　　　芽　　节

桂糖11-42（GT11-42）

品种来源： 广西壮族自治区农业科学院甘蔗研究所从桂糖92-66×新台糖22号杂交组合中选育。

特征特性： 株型直立紧凑，无气根，节间圆筒形，茎表皮蜡粉带厚，无芽沟，生长带形状凸出，节间颜色曝光前黄色，曝光后黄绿色；芽卵圆形，芽尖未到或齐平生长带；内叶耳披针形，外叶耳退化，叶姿披散；57号毛群较多，易剥叶。

优良特性： 高产，高糖，抗黑穗病。

产量和糖分表现： 新植宿根平均亩产蔗茎6.52吨，平均蔗糖分15.48%。

适宜地区： 适宜在广西土壤疏松，中等以上肥力的旱地、水田和坡地蔗区种植。

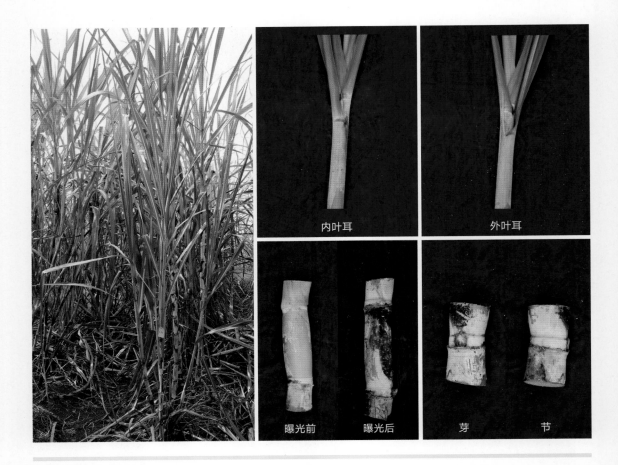

内叶耳　　　　　　　　外叶耳

曝光前　　曝光后　　　　芽　　　节

桂糖11-639（GT11-639）

品种来源： 广西壮族自治区农业科学院甘蔗研究所从桂糖05-3369×新台糖25号杂交组合中选育。

特征特性： 株型直立紧凑，有气根，节间圆筒形，芽沟浅，节间颜色曝光前黄色，曝光后黄绿色；芽卵圆形，芽尖略超过生长带；内叶耳退化，外叶耳披针形，叶姿挺直，叶尖下垂；无57号毛群，易剥叶。

优良特性： 高糖，抗黑穗病，中抗倒伏。

产量和糖分表现： 新植宿根平均亩产蔗茎6.61吨，平均蔗糖分15.57%。

适宜地区： 适宜在质地疏松，排水良好的中等以上肥力的土壤种植；在有灌溉条件的土壤上种植，更能发挥其高产高糖优势。

内叶耳　　外叶耳

曝光前　　曝光后　　芽　　节

桂糖12-910（GT12-910）

品种来源：广西壮族自治区农业科学院甘蔗研究所从粤糖00-236×桂糖02-208杂交组合中选育。

特征特性：早熟，高产高糖，植株直立均匀，亩有效茎数多，丰产稳产；芽卵圆形，芽翼大小中等，芽基不离叶痕，芽沟浅，芽尖齐平生长带；叶片宽度中等，长度中等，绿色，叶片厚且光滑，叶姿披散；茎圆筒形，节间颜色曝光前黄绿色，曝光后黄绿色；茎表皮蜡粉带薄，蔗茎无空心，轻蒲心；57号毛群多，内叶耳三角形，外叶耳退化，易剥叶。

优良特性：高抗黑穗病；抗倒伏。

产量和糖分表现：新植宿根平均亩产蔗茎6.31吨，平均蔗糖分15.17%。

适宜地区：适宜在土壤疏松，中等以上肥力的地块种植。

内叶耳　　　　　　　　　外叶耳

曝光前　　曝光后　　　　芽　　　节

桂糖12-2505（GT12-2505）

品种来源：广西壮族自治区农业科学院甘蔗研究所从桂糖02-901×桂糖02-761杂交组合中选育。

特征特性：株型直立紧凑，有气根，节间圆筒形，茎表皮蜡粉带薄，无芽沟，生长带不凸出，节间颜色曝光前紫色，曝光后紫色；芽卵圆形，芽尖未到或齐平生长带；内叶耳三角形，外叶耳退化，叶姿挺直，叶尖下垂；57号毛群少，易剥叶。

优良特性：高抗黑穗病，高糖，高产。

产量和糖分表现：新植宿根平均亩产蔗茎6.38吨，平均蔗糖分15.29%。

适宜地区：适宜在土壤疏松，中等及中等以上肥力的旱地和水田蔗区种植。

内叶耳　　　　外叶耳

曝光前　　曝光后　　芽　　节

桂糖13-157（GT13-157）

品种来源： 广西壮族自治区农业科学院甘蔗研究所从粤糖55号×桂糖02-901杂交组合中选育。

特征特性： 株型直立紧凑，有气根，节间圆筒形，茎表皮蜡粉带薄，无芽沟，生长带凸出，节间颜色曝光前紫色，曝光后深紫色，茎水裂深，木栓条纹状；芽卵圆形，芽尖未到或齐平生长带；内叶耳三角形，外叶耳退化，叶姿挺直，叶尖下垂；无57号毛群，易剥叶。

优良特性： 高抗黑穗病，高糖，高产。

产量和糖分表现： 新植宿根平均亩产蔗茎6.52吨，平均蔗糖分15.62%。

适宜地区： 选择质地疏松，排水良好的中等以上肥力的土壤种植。

内叶耳　　　　外叶耳

曝光前　曝光后　　　芽　　节

桂糖13-334（GT13-334）

品种来源：广西壮族自治区农业科学院甘蔗研究所从粤糖03-373×农林8号杂交组合中选育。

特征特性：株型直立紧凑，有气根，节间圆筒形，茎表皮蜡粉带厚，无芽沟，生长带不凸出，节间颜色曝光前黄绿色，曝光后黄绿色；芽卵圆形，芽尖未到或齐平生长带；内叶耳披针形，外叶耳三角形，叶姿挺直，叶尖下垂；57号毛群少，易剥叶。

优良特性：抗黑穗病，高糖。

产量和糖分表现：新植宿根平均亩产蔗茎6.43吨，平均蔗糖分15.26%。

适宜地区：适宜在土壤疏松，中等及中等以上肥力的旱地和水田蔗区种植。

内叶耳　　　　　　外叶耳

曝光前　　曝光后　　　　芽　　　　节

桂糖13-1013（GT13-1013）

品种来源： 广西壮族自治区农业科学院甘蔗研究所从桂糖97-40×粤糖83-271杂交组合中选育。

特征特性： 株型直立紧凑，有气根，节间圆筒形，茎表皮蜡粉带厚，无芽沟，生长带不凸出，节间颜色曝光前黄绿色，曝光后深紫色，茎水裂深；芽卵圆形，芽尖未到或齐平生长带；内叶耳披针形，外叶耳三角形，叶姿挺直，叶尖下垂；57号毛群较多，易剥叶。

优良特性： 抗黑穗病，高糖。

产量和糖分表现： 新植宿根平均亩产蔗茎6.67吨，平均蔗糖分15.33%。

适宜地区： 该品种适应性较强，耐粗放种植管理；在水肥条件较好的地块种植，更能发挥其增产性能。

内叶耳　　　　　　　　外叶耳

曝光前　　曝光后　　　芽　　　　节

桂糖14-242（GT14-242）

品种来源：广西壮族自治区农业科学院甘蔗研究所从福农39号×CP84-1198杂交组合中选育。

特征特性：株型直立紧凑，有气根，节间圆筒形，茎表皮蜡粉带薄，无芽沟，生长带凸出，节间颜色曝光前黄绿色，曝光后黄绿色，木栓条纹状；芽卵圆形，芽尖未到或齐平生长带；内叶耳三角形，外叶耳退化，叶姿披散；无57号毛群，易剥叶。

优良特性：抗黑穗病，高糖，抗倒伏。

产量和糖分表现：新植宿根平均亩产蔗茎6.62吨，平均蔗糖分15.38%。

适宜地区：适宜在土壤疏松，中等及中等以上肥力的旱地和水田蔗区种植。

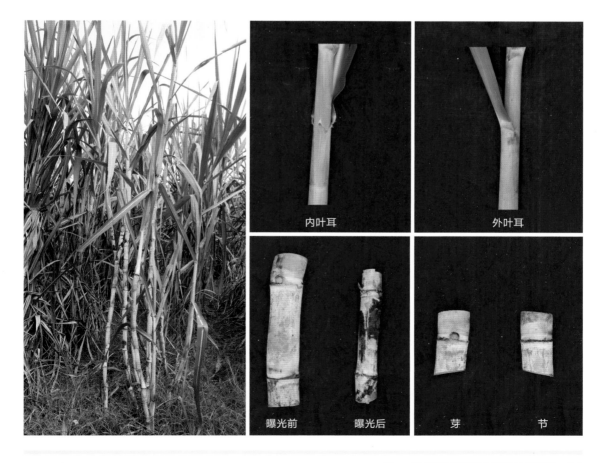

内叶耳　　　　　　外叶耳

曝光前　　曝光后　　　　芽　　　节

桂糖14-700（GT14-700）

品种来源： 广西壮族自治区农业科学院甘蔗研究所从粤糖94-128×新台糖22号杂交组合中选育。

特征特性： 株型直立紧凑，有气根，节间圆筒形，无芽沟，节间颜色曝光前黄绿色，曝光后黄绿色；芽卵圆形，芽尖齐平生长带；内叶耳披针形，外叶耳披针形，叶姿披散；无57号毛群，易剥叶。

优良特性： 抗黑穗病，高糖。

产量和糖分表现： 新植宿根平均亩产蔗茎6.39吨，平均蔗糖分15.22%。

适宜地区： 适宜在土壤疏松，中等以上肥力的地块种植；在水肥条件好的地块种植，更能充分发挥其高产潜力。

内叶耳　　　　　外叶耳

曝光前　　曝光后　　　　芽　　　节

桂糖15-210（GT15-210）

品种来源：广西壮族自治区农业科学院甘蔗研究所从粤糖94-128×新台糖22号杂交组合中选育。

特征特性：株型直立紧凑，无气根，节间圆筒形，茎表皮蜡粉带厚，芽沟浅，生长带凸出，节间颜色曝光前黄绿色，曝光后黄绿色；芽卵圆形，芽尖未到或齐平生长带；内叶耳三角形，外叶耳退化，叶姿披散；无57号毛群，易剥叶。

优良特性：抗黑穗病，高糖。

产量和糖分表现：新植宿根平均亩产蔗茎6.38吨，平均蔗糖分15.29%。

适宜地区：适宜在土壤疏松，肥力中等及中等以上的旱地和水田蔗区种植。

内叶耳　　　　　　　外叶耳

曝光前　　曝光后　　　　芽　　　节

三、抗白条病优异甘蔗种质资源

台糖98-0432（Tai 98-0432）

品种来源： 台湾糖业研究所育成，亲系不详。

特征特性： 中晚熟品种，迟熟，高产；植株直立，中大茎，基部粗大，不易倒伏；整个生长期生长快，萌芽快，出苗整齐，分蘖率较高，有效茎多，脱叶性一般，全期生长旺盛。

优良特性： 高抗白条病，抗倒伏，高产。

产量和糖分表现： 新植蔗平均亩产蔗茎6.16吨，宿根蔗平均亩产蔗茎5.8吨，平均蔗糖分13.33%。

适宜地区： 适宜在广西龙州以及桂南、桂东南蔗区种植。

内叶耳　　　　外叶耳

曝光前　曝光后　　　芽　　节

崖城 96-69（YC96-69）

品种来源： 海南甘蔗育种场从热带种拔地拉（Badila）×野生种斑茅（*E. arundinaceus*）杂交组合中选育，作为斑茅 F$_1$ 亲本进行杂交利用。

特征特性： 含有野生种斑茅基因的 F$_1$ 杂交品系，植株高大直立；细茎，节间圆筒形，蔗茎曝光前后均为黄绿色，蜡粉厚，无生长裂缝和木栓，空心，生长带凸出，根点整齐，芽卵圆形，芽基离叶痕，无芽沟，叶姿披散，脱叶性差，无57号毛群，内叶耳三角形，外叶耳退化；糖分中等，纤维含量高，蒲心。

优良特性： 高抗白条病，抗黑穗病和花叶病，宿根性强；早熟。

产量和糖分表现： 新植宿根平均亩产蔗茎2.03吨，平均蔗糖分9.78%。

适宜地区： 适宜在海南崖城，云南瑞丽、开远，广东湛江等育种点作为亲本种植。

内叶耳　　　　　　　　　　外叶耳

曝光前　曝光后　　　　芽　　　节

桂糖10-612（GT10-612）

品种来源： 广西壮族自治区农业科学院甘蔗研究所从粤糖00-236×新台糖22号杂交组合中选育。

特征特性： 株型直立紧凑，中大茎，株高较高；无气根，节间圆筒形，茎表皮蜡粉带厚，无芽沟，生长带凸出，节间颜色曝光前黄绿色，曝光后红色，茎无水裂；芽卵圆形，芽尖未到或齐平生长带；内叶耳三角形，外叶耳退化，叶姿挺直；无57号毛群，易剥叶。

优良特性： 高抗白条病，抗倒伏，中抗梢腐病。

产量和糖分表现： 新植宿根平均亩产蔗茎5.9吨，平均蔗糖分15.44%。

适宜地区： 适宜在广西土壤疏松，中等以上肥力的旱地和水田蔗区种植。

内叶耳　　　　　　　　外叶耳

曝光前　　曝光后　　　芽　　节

桂糖11-2211（GT11-2211）

品种来源： 广西壮族自治区农业科学院甘蔗研究所从崖城94-46×CP80-1827杂交组合中选育。

特征特性： 植株直立，高度中等，中大茎；节间圆筒形，蔗茎较均匀，蔗茎曝光前黄绿色，曝光后紫红色；芽呈圆形，叶鞘松，下芽位，无芽沟；叶片青绿色，叶片宽度较宽，长度较长，易剥叶；无57号毛群；内叶耳镰刀形，外叶耳退化。

优良特性： 高抗白条病。

产量和糖分表现： 新植宿根平均亩产蔗茎7.8吨，平均蔗糖分14.96%。

适宜地区： 适宜在广西土壤疏松，中等以上肥力的田地种植。

内叶耳　　　　　　外叶耳

曝光前　　曝光后　　　　芽　　　节

Mex79-431

品种来源： 墨西哥甘蔗育种机构选育。

特征特性： 植株高大、均匀整齐；株型紧凑、易脱叶；长势好；蔗芽卵圆形，微凸；芽基下平叶痕，芽尖齐平生长带；中茎实心、节间圆筒形；茎色曝光前后均为黄绿色；蜡粉厚，无芽沟，无木栓和生长裂缝；内叶耳镰刀形，外叶耳退化；叶片浓绿，叶姿披散；无57号毛群。

优良特性： 高抗白条病。

产量和糖分表现： 新植宿根平均亩产蔗茎3.50吨，11月下旬甘蔗田间锤度19.16%。

适宜地区： 适宜在土壤疏松，肥力中等的旱坡地、水浇地及水田种植。

内叶耳　　　　　　外叶耳

曝光前　　曝光后　　　　芽　　　节

K84-200

品种来源： 泰国北碧 Khan Kham 甘蔗试验站育成，杂交组合为新台糖1号×CP63-588。

特征特性： 该品种大茎，圆柱形，茎型直立，有薄蜡，节间曝光前后均为黄绿色，叶片大，稍短而垂，黄绿色；难脱叶；芽底紧贴叶痕，芽瓣宽，无芽沟；根点成行，生长带凸出，内叶耳披针形，外叶耳三角形；叶鞘舌形，粉紫色；发芽缓慢，发芽率相当高，分蘖率强，早期阶段生长缓慢，宿根性强。

优良特性： 抗白条病。

产量和糖分表现： 新植宿根平均亩产蔗茎3.39吨，11月甘蔗田间锤度19.0%。

适宜地区： 适宜在排水良好，土壤肥力中等的旱坡地、水浇地及水田种植。

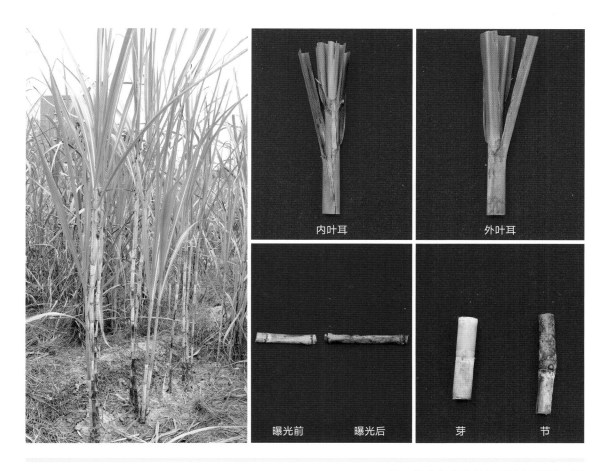

内叶耳　　　　外叶耳

曝光前　　曝光后　　芽　　节

F160

品种来源： 台湾甘蔗研究所从NCo310×F141杂交组合中选育，命名推广时间1968年。

特征特性： 中大茎、植株高，不易倒伏，节间圆筒形，无生长裂缝，芽沟不明显；芽卵形，芽尖未达生长带，芽翼中等；叶片向下弯垂，宽度中等，57号毛群少；内叶耳短披针形，外叶耳过渡形，不易脱叶；萌芽表现良好，全期生长势优，晚熟；茎皮厚，蔗苗耐水浸，内容充实多汁，感叶枯病和白叶病。

优良特性： 抗白条病，抗倒伏。

产量和糖分表现： 新植宿根平均亩产蔗茎5.37吨，平均蔗糖分不及NCo310。

适宜地区： 适应性甚广，尤适宜在地力中等以上的沙壤土、壤土及轻黏土栽培。

内叶耳　　　　　　外叶耳

曝光前　　曝光后　　　芽　　　节

CP1

品种来源：美国运河点Cannal Point甘蔗育种场选育。

特征特性：植株直立，株高较高；中大茎，节间圆筒形，蔗茎曝光前黄色，曝光后黄色，茎表皮无蜡粉带，蔗茎空心，重蒲心；生长带凸出，根点成行排列；芽呈圆形，平芽位，无芽沟；叶姿披散，叶片深绿色，叶片宽度较宽，长度较长，叶片松，易脱落；无57号毛群；内、外叶耳披针形。

优良特性：抗白条病。

产量和糖分表现：新植宿根平均亩产蔗茎5.6吨，11月下旬甘蔗田间锤度18%。

适宜地区：适宜在中等肥力的旱坡地、水浇地及水田种植。

内叶耳   外叶耳

曝光前 曝光后   芽   节

FR97-53

品种来源： 法属留尼汪岛Reunion糖业试验站管理局选育。

特征特性： 蔗株紧凑直立，中茎，节间圆筒形，茎皮浅黄绿色，剥叶曝光后呈红色，曝光久后转为黄绿色；表皮层蜡粉厚，蜡粉带明显，无水裂和木栓裂痕，无芽沟，生长带不凸出，根点明显，排列规则；成熟芽圆形，饱满而凸出，芽顶齐平生长带；叶色绿，宽度中等，叶片直立，顶端略弯垂；内叶耳镰刀形，外叶耳退化，无57号毛群。

优良特性： 抗白条病。

产量和糖分表现： 新植宿根平均亩产蔗茎5.86吨，平均蔗糖分14.78%。

适宜地区： 适宜在土壤肥力中等的旱坡地、水浇地及水田种植。

内叶耳　　　　　　外叶耳

曝光前　　曝光后　　　　芽　　节

台糖98-2817（Tai 98-2817）

品种来源：台湾糖业研究所选育。

特征特性：该品种生长较快，均匀，中茎，叶片脱落性不好，蔗糖分含量低，14%以下，蚜虫危害较重，易倒伏。

优良特性：抗白条病。

产量和糖分表现：新植宿根平均亩产蔗茎6.04吨，11月甘蔗田间锤度18.32%。

适宜地区：适应性广，尤适宜在土壤疏松，中等以上沙壤土、壤土及轻黏土栽培。

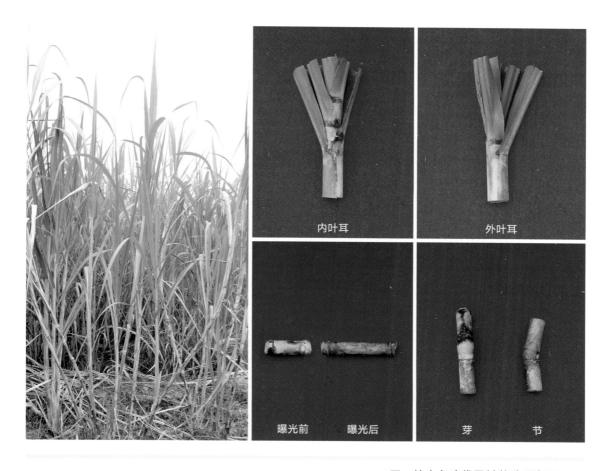

内叶耳　　　　　　　外叶耳

曝光前　　曝光后　　　　芽　　　节

桂糖08-278（GT08-278）

品种来源：广西壮族自治区农业科学院甘蔗研究所从新台糖24号×粤糖91-976杂交组合中选育。

特征特性：节间圆筒形，蔗茎充实，蔗茎曝光前黄绿色，曝光后黄绿色；蜡粉厚，有条纹木栓，有气根，生长带凸出，根点整齐；芽椭圆形，芽尖超生长带，无芽沟；叶姿挺直，无57号毛群，易脱叶；内叶耳镰刀形，外叶耳退化。

优良特性：抗白条病。

产量和糖分表现：新植宿根平均亩产蔗茎4.80吨，11月下旬甘蔗田间锤度18.84%。

适宜地区：适宜在广西土壤疏松，中等以上肥力的旱地和水田蔗区种植。

内叶耳　　　　　　　外叶耳

曝光前　　曝光后　　　　　芽　　　节

HoCP01-523

品种来源： 美国运河点Cannal Point甘蔗育种场杂交种子，在路易斯安那州荷马甘蔗育种场育成的品种。

特征特性： 植株较高，蔗茎较细，节间圆筒形，蔗茎曝光前黄色，曝光久后变红色，无蜡粉，无木栓，有水裂和气根，生长带凸出，空心，重度蒲心。芽椭圆形；下位芽，芽沟浅，不明显，叶姿挺直，叶尖下垂，叶色黄绿色，无57号毛群，内叶耳三角形，外叶耳退化。

优良特性： 抗白条病，抗黑穗病。

产量和糖分表现： 新植宿根平均亩产蔗茎4.93吨，11月下旬田间锤度16.24%。

适宜地区： 适宜在排水良好，土壤疏松，中等肥力的旱坡地、水浇地及水田种植。

内叶耳　　　　　　外叶耳

曝光前　　曝光后　　　　芽　　　节

K84-711

品种来源：泰国北碧Khan Kham甘蔗试验站育成。

特征特性：株型直立紧凑，中茎、株高高；有气根，节间圆筒形，茎表皮蜡粉带薄，芽沟深，生长带凸出，节间颜色曝光前黄绿色，曝光后深绿色，茎无水裂；芽卵圆形，芽尖未到或齐平生长带；内叶耳三角形，外叶耳退化，叶姿披散；无57号毛群，易剥叶。

优良特性：中抗白条病

产量和糖分表现：新植宿根平均亩产蔗茎2.20吨，11月下旬田间锤度16.52%。

适宜地区：适宜在土壤疏松，排水良好，土壤肥力中等的旱坡地、水浇地及水田种植。

内叶耳　　　　　　　外叶耳

曝光前　曝光后　　　芽　　　节

CP6

品种来源： 美国运河点Cannal Point甘蔗育种场选育。

特征特性： 植株直立，高度中等；中茎，节间圆筒形，蔗茎较均匀，蔗茎曝光前黄绿色，曝光后红色，茎表皮无蜡粉带，蔗茎蒲心；生长带不凸出，根点成行排列；芽呈卵圆形，下芽位，无芽沟；叶姿挺直，叶尖下垂，叶片绿色，叶片宽度较宽，长度中等，叶片松，易脱落；无57号毛群；内叶耳镰刀形，外叶耳退化。

优良特性： 中抗白条病。

产量和糖分表现： 新植宿根平均亩产蔗茎3.00吨，11月下旬甘蔗田间锤度20.72%。

适宜地区： 适宜在土壤疏松，中等肥力的旱坡地、水浇地及水田种植。

内叶耳　　　　　　外叶耳

曝光前　　曝光后　　　　芽　　　节

Co1146

品种来源： 印度哥印拜陀甘蔗育种研究所选育（Sugarcane Breeding Institnte, Coimbatore）。

特征特性： 植株直立，高度中等；中茎，节间圆筒形，蔗茎较均匀，蔗茎曝光前黄绿色，曝光后紫色，茎表皮蜡粉薄，蔗茎实心；芽呈卵圆形，下芽位，无芽沟；叶片绿色，叶片宽度中等，长度中等，叶姿挺直，叶尖下垂，叶片自动脱落；无57号毛群；内外叶耳均退化。

优良特性： 中抗白条病。

产量和糖分表现： 新植宿根平均亩产蔗茎1.40吨，11月下旬田间锤度17.56%。

适宜地区： 适宜在排水良好，土壤肥力中等的旱坡地、水浇地及水田种植。

内叶耳　　　　　　外叶耳

曝光前　　曝光后　　　芽　　节

粤引R2

品种来源：印度尼西亚甘蔗育种研究所选育。

特征特性：萌芽率中等，分蘖率中等，中大茎，有效茎数多，蔗茎产量高，晚熟，糖分偏低；无气根，节间圆筒形，茎表皮蜡粉带薄，无芽沟，生长带凸出，节间颜色曝光前黄绿色，曝光后红色，茎无水裂；芽倒卵形，芽尖未到或齐平生长带；内叶耳退化，外叶耳退化，叶姿挺直；无57号毛群，易剥叶。

优良特性：中抗白条病，有效茎多，高产。

产量和糖分表现：新植宿根平均亩产蔗茎6.90吨，平均蔗糖分11.90%。

适宜地区：适宜在海南崖城，云南瑞丽、开远，广东湛江等育种点作为亲本种植。

内叶耳　　　　　　外叶耳

曝光前　　曝光后　　　　节　　　芽

Co617

品种来源： 印度哥印拜陀甘蔗育种研究所（Sugarcane Breeding Institute, Coimbatore）从 POJ2878 × Co285 杂交组合中选育。

特征特性： 株型直立紧凑，中茎、株高较高；无气根，节间圆筒形，茎表皮蜡粉带厚，无芽沟，生长带凸出，节间颜色曝光前黄绿色，曝光后黄绿色，茎无水裂；芽圆形，下芽位；内叶耳退化，外叶耳退化，叶姿披散；无57号毛群，易剥叶。

优良特性： 中抗白条病，抗花叶病，中抗黑穗病，耐旱。

产量和糖分表现： 新植宿根平均亩产蔗茎6.87吨，平均蔗糖分10.10%。

适宜地区： 适宜在土壤疏松，中等肥力的旱坡地、水浇地及水田种植。

内叶耳　　　　　　　　外叶耳

曝光前　　曝光后　　　　芽　　　节

HoCP01-517

品种来源：美国运河点Cannal Point甘蔗育种场杂交种子，在路易斯安那州荷马甘蔗育种场育成的品种。

特征特性：茎径较细，有效茎数适中；容易返糖；出苗表现较好，分蘖性差，前期长势较好，后期易倒伏，中小茎，脱叶好，无57号毛群，叶片青秀，感螟虫，导致侧芽较多，有黑穗病，叶部少量褐条病，蔗茎30%～40%绵心。

优良特性：中抗白条病。

产量和糖分表现：新植宿根平均亩产蔗茎4.82吨，平均蔗糖分16.84%。

适宜地区：适宜在云南蔗区中等肥力的旱坡地、水浇地及水田种植。

内叶耳　　　外叶耳

曝光前　　曝光后　　　芽　　节

CP8

品种来源： 美国运河点Cannal Point甘蔗育种场从CP72-0370×LCP82-089杂交组合中选育。

特征特性： 植株直立，中至中大茎，节间圆锥形，芽圆形，下位芽，无芽沟，曝光前黄绿色，曝光后黄绿色，蜡粉厚，有条纹木栓，有气根，水裂深，空心，根点整齐，生长带凸出，叶姿挺直，叶尖下垂，易脱叶，无57号毛群，内叶耳三角形，外叶耳退化。

优良特性： 中抗白条病。

产量和糖分表现： 新植宿根平均亩产蔗茎3.4吨，11月下旬甘蔗田间锤度18.44%。

适宜地区： 适宜在土壤疏松，中等肥力蔗区种植。

内叶耳　　外叶耳

曝光前　　曝光后　　芽　　节

HoCP01-564

品种来源： 美国运河点Cannal Point甘蔗育种场杂交种子，在路易斯安那州荷马甘蔗育种场育成的品种。

特征特性： 植株直立，中小茎，有气根，节间圆筒形，曝光前蔗茎黄绿色，曝光后深绿色，蜡粉薄，无木栓和水裂，有空心，生长带凸出，根点整齐，芽卵圆形，下位芽，无芽沟，叶片颜色黄绿色，叶面较为青秀，叶姿挺直，叶尖下垂；无57号毛群，内叶耳三角形，外叶耳退化；出苗率和分蘖性好，有效茎数较多，长势好，全期生长稳健，易脱叶，群体整齐。

优良特性： 中抗白条病，抗黑穗病，含糖量高，高糖持续时间长，返糖较慢。

产量和糖分表现： 新植宿根平均亩产蔗茎7.8吨，平均蔗糖分14.96%。

适宜地区： 适宜在中等肥力的旱坡地、水浇地及水田种植。

内叶耳　　　　　　外叶耳

曝光前　　曝光后　　　　芽　　　节

RB83-5054

品种来源：巴西糖及乙醇开发联合大学从 RB72-454 × NA56-79 杂交组合中选育。

特征特性：株型紧凑，中茎，蔗茎直立较均匀；蔗芽倒卵形，芽基下平或稍离叶痕，芽尖平齐生长带，芽翼大，芽较扁，有后枕；节间圆筒形，实心，茎色黄绿色，曝光久后紫红色；蜡粉厚，无芽沟，无木栓，有浅浅的生长裂缝；叶色深绿色，外叶耳三角形，内叶耳披针形，叶姿挺直，叶尖下垂；无57号毛群。

优良特性：中抗白条病。

产量和糖分表现：新植宿根平均亩产蔗茎5.3吨，平均蔗糖分11.98%。

适宜地区：适宜在土壤疏松，中等以上肥力的地块种植。

内叶耳　　　　　　外叶耳

曝光前　曝光后　　　芽　　节

四、抗花叶病优异甘蔗种质资源

桂糖21号（GT21）

品种来源：品系名GT94-119；广西壮族自治区农业科学院甘蔗研究所从赣蔗76-65×崖城71-374杂交组合中选育，2005年通过全国甘蔗品种鉴定。

特征特性：植株直立，高大，株型紧凑；中茎，节间圆筒形，无生长裂缝，无芽沟；蔗茎遮光部分呈黄绿色，露光后呈浅紫色，茎表面蜡粉黑色；蔗茎小空心；根源3～4列，排列不规则；芽呈圆形，微凸，芽体中等，芽翼小，老芽黄带紫色；芽基离叶痕，芽上部不达生长带；新生叶片挺直，中等宽，较厚，叶中脉较大，老叶伸展角度偏大；叶鞘浅紫色，有白色蜡粉；较难脱叶；无57号毛群，内叶耳长披针形，外叶耳过渡形；肥厚带近似长方形。

优良特性：中抗花叶病，抗黑穗病，高抗梢腐病，耐旱力强。

产量和糖分表现：新植宿根平均亩产蔗茎7.4吨，平均蔗糖分15.57%。

适宜地区：适宜在水肥条件中等的旱地、台坝地及水浇地栽种。

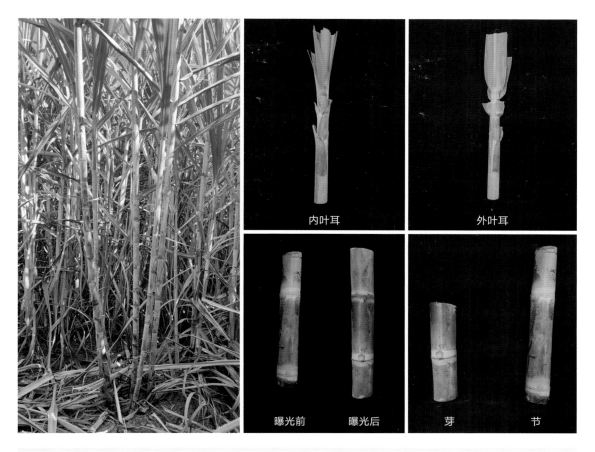

内叶耳　　　　　　外叶耳

曝光前　　曝光后　　　芽　　　节

桂糖36号（GT36）

品种来源： 品系名GT03-1403；广西壮族自治区农业科学院甘蔗研究所从新台糖23号×CP84-1198杂交组合中选育，2011年通过广西农作物品种审定。

特征特性： 株型紧凑，中茎，蔗茎直立较均匀；蔗芽五角形，芽基下平或稍离叶痕，芽尖平齐生长带，芽翼大，芽较扁，有后枕；节间圆筒形，实心，遮光部分茎色黄绿色，曝光久后紫红色；蜡粉厚，无芽沟；叶鞘淡绿色，外叶耳为平过渡或三角形，内叶耳短披针形，有少量57号毛群，极易脱叶或自动脱叶；叶片浓绿色，挺直，叶尖尾部1/6稍弯曲。

优良特性： 中抗花叶病，耐旱。

产量和糖分表现： 2009—2010年参加广西甘蔗品种区域试验，两年新植和一年宿根试验，平均亩产蔗茎5.78吨，平均蔗糖分15.60%。

适宜地区： 适宜在排水良好、土壤肥力中等以上的桂中、桂南旱地和水田蔗区种植；该品种适应性较强，水肥条件要求一般，耐粗放种植管理；在较好水肥条件下种植更能发挥其增产性能。

内叶耳　　　　　外叶耳

曝光前　　曝光后　　　　　芽　　　节

桂糖39号（GT39）

品种来源： 品系名：GT04-153；广西壮族自治区农业科学院甘蔗研究所从粤糖93-159×新台糖22号杂交组合中选育，2012年通过广西农作物品种审定。

特征特性： 植株高大；株型直立；中大至大茎；蔗茎遮光部分浅黄色，曝光部分黄绿色；节间圆筒形；节间长度中等；蜡粉厚度中等；芽沟浅；芽圆形，芽顶平生长带；芽基未离叶痕；芽翼大；叶片张角小；叶片绿色；叶鞘长度中；叶鞘易脱；内叶耳长三角形；外叶耳无；57号毛群不发达。

优良特性： 抗寒能力强，抗梢腐病，中抗黑穗病，其他病虫害症状不明显；氮利用率（干重）147.42克/克，正常氮条件下SPAD34～38，叶片氮含量10～12毫克/克；无氮条件下SPAD29～30，叶片氮含量9～10毫克/克。

产量和糖分表现： 新植蔗平均亩产蔗茎6.48吨，宿根蔗平均亩产蔗茎6.52吨，平均蔗糖分14.07%。

适宜地区： 适宜在土壤疏松，中等以上肥力的地块种植。

内叶耳　　　　外叶耳

曝光前　　曝光后　　　　芽　　节

桂糖40号（GT40）

品种来源： 品系名GT02-1156；广西壮族自治区农业科学院甘蔗研究所从粤农86-295×CP84-1198杂交组合中选育，2013年通过广西农作物品种审定。

特征特性： 植株微散，株高290厘米，蔗茎呈微"之"字形，中茎，节间圆筒形，芽沟不明显，蔗茎遮光部分黄绿色、露光为棕褐色；芽圆形，芽基离开叶痕，芽尖不超过生长带，芽翼着生于芽上部、较窄；内叶耳披针形，易脱叶。

优良特性： 抗寒能力强，抗梢腐病，中抗黑穗病，其他病虫害症状不明显。

产量和糖分表现： 新植蔗平均亩产蔗茎5.94吨，宿根蔗平均亩产蔗茎6.52吨，平均蔗糖分15.18%。

适宜地区： 水田、旱地均可种植，在沿海地区种植时要注意培土防倒伏。

内叶耳　　　　外叶耳

曝光前　　曝光后　　　芽　　节

桂糖41号（GT41）

品种来源：品系名GT03-2309；广西壮族自治区农业科学院甘蔗研究所从粤糖91-976×（粤糖84-3＋新台糖25号）杂交组合中选育，2013年3月通过广西农作物品种审定。

特征特性：植株高300厘米、均匀整齐；株型紧凑，脱叶性一般；长势好；蔗芽卵圆形，微凸；芽基下平或稍离叶痕，有后枕（或呈淡紫色）；芽尖稍离生长带；中大至大茎，实心，节间圆筒形；茎遮光部分黑褐色，曝光久后为淡紫色；蜡粉少，无芽沟；叶鞘淡红色；外叶耳为平过渡或三角形，内叶耳短披针形；叶片浓绿挺直；无57号毛群。

优良特性：中抗花叶病，中抗黑穗病，中抗梢腐病，抗旱耐寒。

产量和糖分表现：新植宿根平均蔗茎产量6.84吨/亩，平均蔗糖分14.06%。

适宜地区：适宜在水肥条件中等地区栽培。

内叶耳　　　　　　　外叶耳

曝光前　　曝光后　　　　芽　　　　节

桂糖04-1045（GT04-1045）

品种来源： 广西壮族自治区农业科学院甘蔗研究所选育。

特征特性： 株型直立紧凑，中大茎，株高较矮；有气根，节间圆筒形，茎表皮蜡粉带厚，无芽沟，生长带凸出，节间颜色曝光前黄绿色，曝光后红色，茎无水裂；芽椭圆形，平芽位；内叶耳镰刀形，外叶耳退化，叶姿挺直，叶尖下垂；无57号毛群，易剥叶。

优良特性： 中抗花叶病。

产量和糖分表现： 新植宿根平均亩产蔗茎2.58吨，11月甘蔗田间锤度20.48%。

适宜地区： 适宜在水肥条件中等地区栽培。

内叶耳　　　　　　　外叶耳

曝光前　　曝光后　　　　芽　　　节

粤糖96-86（YT96-86）

品种来源：广州甘蔗糖业研究所从粤糖85-177×湛蔗74-141杂交组合中选育，2006年通过广东省农作物品种审定。

特征特性：早中熟品种；中大茎，蔗茎无气根、无水裂；蔗茎露光后呈暗紫红色；节间圆筒形，芽沟明显，芽体较大，尖卵圆形，基部近叶痕，叶色青绿，叶片长度中等、稍宽，叶鞘露光后呈紫红色，57号毛群较少，易脱叶；内叶耳三角形，外叶耳过渡形。

优良特性：高抗花叶病，中抗黑穗病，抗旱性较好。

产量和糖分表现：平均亩产蔗茎6.7吨，平均蔗糖分15.3%。

适宜地区：适宜在地力中等或中等以上的旱坡地或水旱田种植。

内叶耳　　　　外叶耳　　　　曝光前　曝光后　　　芽　　节

粤糖93-159（YT93-159）

品种来源： 广州甘蔗糖业研究所从粤农73-204×CP72-1210杂交组合中选育，2002年通过广东省农作物品种审定。

特征特性： 中至中大茎，实心，基部较粗，节间较长，一般呈圆筒形，蔗茎未露光部分青黄色，露光后黄绿色；蔗茎无气生根，无生长裂缝与木栓斑块，茎径均匀，茎形美观，芽卵圆形，基部近叶痕，顶端不达生长带，叶片青绿色，宽度中等，新叶直立，老叶弯垂呈弓形，易脱叶，叶鞘青绿或略带黄绿色，内叶耳披针形，外叶耳三角形。

优良特性： 高抗花叶病和黑穗病，抗黄点病、褐条病、锈病及梢腐病。

产量和糖分表现： 平均亩产蔗茎7.5吨，平均蔗糖分14.65%。

适宜地区： 适宜在广东、广西、海南等蔗区地力中等或中等以上的旱坡地、水旱田作冬植、早春植与宿根栽培。

内叶耳　　　　　　　　　外叶耳

曝光前　　曝光后　　　　芽　　　节

粤糖00-236（YT00-236）

品种来源： 广州甘蔗糖业研究所从粤农73-204×CP72-1210杂交组合中选育，2008年通过广东省农作物品种审定。

特征特性： 中至中大茎，实心，基部较粗，节间略呈圆锥形，无芽沟；蔗茎未露光部分淡黄色，露光部分经阳光曝晒后青黄色，茎表面覆盖薄层白色蜡粉；茎径均匀，无气根，无生长裂缝与木栓斑块；芽体较小，卵圆形，基部离叶痕，顶端不达生长带；芽翼宽度中等，着生于芽的上半部，芽孔近顶端；叶色淡绿，叶片稍窄、略短，心叶直立，老叶散生；叶鞘青绿色，57号毛群不发达；内叶耳披针形，外叶耳三角形。

优良特性： 高抗花叶病，中抗黑穗病。

产量和糖分表现： 平均亩产蔗茎7.2吨，平均蔗糖分16.62%。

适宜地区： 适宜地力中等或中等以上的旱坡地、水旱田栽培，冬季或春季均可种植；是广西、云南等地的主栽品种。

内叶耳　　　　　　　外叶耳

曝光前　　曝光后　　　　芽　　　节

福农39号（FN39）

品种来源： 福建农林大学甘蔗综合研究所从粤糖91-976×CP84-1198杂交组合中选育，2014年通过广西农作物品种审定。

特征特性： 植株高大，直立；中大茎至大茎，节间长，圆筒形，蔗茎均匀，充实；蔗茎遮光时为粉红色，剥叶短时露光后呈灰褐色，无生长裂缝和木栓斑块，无气根；芽圆形，芽体中等偏大，芽基离叶痕，芽尖达到或略低于生长带，芽翼较小，无芽沟；叶色淡青绿，叶片长度较长、宽度中等，心叶直立，叶姿好，植株紧凑，易脱叶，57号毛群不发达；内叶耳短披针形，外叶耳退化为茸毛。

优良特性： 高抗黑穗病，中抗花叶病，耐旱耐寒。

产量和糖分表现： 平均亩产蔗茎6.9吨，平均蔗糖分15%。

适宜地区： 可在广西各甘蔗产区种植。

内叶耳　　　　　　外叶耳

曝光前　　曝光后　　　芽　　　　节

云蔗99-601（YZ99-601）

品种来源：云南农业科学院甘蔗研究所从新台糖10号×云瑞95-113杂交组合中选育。

特征特性：植株直立，中茎，节间圆筒形，无芽沟，蔗茎曝光前后均为黄绿色；芽圆形，平位芽；蜡粉带薄，条纹木栓，有浅浅的水裂，生长带凸出，根点成行；内外叶耳均为披针形，无57号毛群，难剥叶，叶姿挺直，叶片深绿色。

优良特性：中抗花叶病，抗寒性强。

产量和糖分表现：新植宿根平均亩产蔗茎6.35吨，11月至翌年1月，平均蔗糖分11.19%。

适宜地区：适宜在湿热蔗区或水肥充足的水田、水浇地栽培。

内叶耳　　　外叶耳

曝光前　　曝光后　　　　芽　　节

赣蔗18号（GanZ18）

品种来源： 品系名赣南95-108；江西省甘蔗研究所选育，杂交组合为新台糖1号×崖城71-374，2005年3月通过全国甘蔗品种鉴定委员会的鉴定。

特征特性： 株型直立整齐，蔗茎均匀，中大茎，萌芽好，生长旺盛，株高中等；有气根，节间圆筒形，茎表皮蜡粉带薄，无芽沟，生长带凸出，节间颜色曝光前黄绿色，曝光后深绿色，茎无水裂；芽倒卵形，下芽位；内叶耳退化，外叶耳退化，叶姿披散；无57号毛群，不易脱叶。

优良特性： 高抗花叶病和黑穗病，抗旱抗倒伏。

产量和糖分表现： 平均亩产蔗茎6.7吨，平均蔗糖分15.53%

适宜地区： 适宜在中等以上肥力的平地种植。

内叶耳　　　　　外叶耳

曝光前　　曝光后　　　　芽　　节

湛蔗74-141（ZZ74-141）

品种来源：原轻工业部甘蔗糖业科学研究所湛江甘蔗试验站。

特征特性：植株直立，中茎，节间圆锥形，芽沟浅，蔗茎遮光部分黄绿色、曝光后为红色；芽菱形，平位芽；蜡粉带厚，无木栓无水裂，生长带不凸出，根点成行；内叶耳镰刀形，外叶耳退化，无57号毛群，易剥叶；叶姿挺直，叶尖下垂，叶片黄绿色。

优良特性：中抗花叶病。

产量和糖分表现：新植宿根平均亩产蔗茎3.61吨，11月甘蔗田间锤度15.56%。

适宜地区：适宜在中等以上肥力的平地种植。

内叶耳　　　　　　　　　外叶耳

曝光前　曝光后　　　　芽　　节

五、氮高效利用优异甘蔗种质资源

桂糖33号（GT33）

品种来源： 品系名桂糖02-770；广西壮族自治区农业科学院甘蔗研究所从桂糖69-156×新台糖22号杂交组合中选育，2011年5月通过广西农作物品种审定。

特征特性： 植株直立，中大茎，节间圆筒形，芽沟不明显，蔗茎遮光部分黄绿色、露光棕红色；芽圆形，芽基离开叶痕，芽尖不超过生长带，芽翼着生于芽上部、较窄；内叶耳三角形，有少量57号毛群，易剥叶；中熟、高产，新植蔗发芽早，萌芽率一般。

优良特性： 中抗白条病，抗旱、耐寒性较强，中熟、高糖、丰产、病虫害少；氮利用效率高，氮利用率（干重）160.76克/克，正常氮条件下SPAD35～39，叶片氮含量11～12毫克/克；无氮条件下SPAD25～29，叶片氮含量8～9毫克/克。

产量和糖分表现： 新植宿根平均亩产蔗茎7.6吨，平均蔗糖分15.54%。

适宜地区： 适合在水肥条件中等以上的旱地种植，在桂南、桂西及桂中的部分地区种植，表现更好。

内叶耳　　　　　外叶耳

曝光前　　曝光后　　　芽　　节

桂糖09-3990（GT09-3990）

品种来源： 广西壮族自治区农业科学院甘蔗研究所从桂糖00-172×新台糖22号杂交组合中选育。

特征特性： 株型直立，紧凑，出苗率好，分蘖率低，有效茎数适中，叶鞘基部紫色，茎紫色，蔗糖分和产糖量较高，蔗茎产量中等水平，宿根发株表现较差，苗期枯心严重。

优良特性： 中抗白条病，抗梢腐病，中抗黑穗病，综合性状表现优良；氮利用效率高，氮利用率（干重）172.41克/克，正常氮条件下SPAD40～50，叶片氮含量12～15毫克/克；无氮条件下SPAD30～31，叶片氮含量9～10毫克/克）。

产量和糖分表现： 新植宿根平均亩产蔗茎5.45吨，11月下旬田间锤度19.08%。

适宜地区： 适宜在肥力中等以上的平地种植。

内叶耳　　　　　　　　　　外叶耳

曝光前　　曝光后　　　　　芽　　　　节

桂糖13-560（GT13-560）

品种来源：广西壮族自治区农业科学院甘蔗研究所从川蔗89-103×桂糖28号杂交组合中选育。

特征特性：株型直立，紧凑；中茎，节间圆筒形，蔗茎曝光前黄绿色，曝光后红色，茎表皮蜡粉带薄，蔗茎实心；生长带凸出，根点成行排列；芽呈圆形，平芽位，无芽沟；叶姿挺直，叶尖下垂，叶片绿色，叶片宽度较宽，长度较长，叶片松，易脱落；无57号毛群；内叶耳三角形，外叶耳退化。

优良特性：氮利用效率高，氮利用率158.75（干重）克/克，正常氮条件下SPAD42～43，叶片氮含量13～14毫克/克；无氮条件下SPAD32～30，叶片氮含量10～11毫克/克。

产量和糖分表现：新植宿根平均亩产蔗茎4.9吨，11月下旬田间锤度19.88%。

适宜地区：适宜在肥力中等以上的平地种植。

内叶耳　　　　　外叶耳

曝光前　　曝光后　　　　芽　　节

新台糖11号（ROC11）

品种来源： 品系名74-6820；台湾糖业研究所从64-19×51-213杂交组合中选育，1986年命名推广。

特征特性： 中茎，节间圆筒形，无生长裂缝，芽沟甚明显；芽椭圆形，芽顶达生长带，芽翼宽度中等；叶片稍长，宽度中等，叶姿挺立，顶端略弯垂；内、外叶耳多数为过渡形，57号毛群中等。

优良特性： 氮利用效率高，氮利用率149.27（干重）克/克，正常氮条件下SPAD45～51，叶片氮含量11～13毫克/克；无氮条件下SPAD33～35，叶片氮含量10～11毫克/克。

产量和糖分： 平均亩产蔗茎3.31吨，11月下旬田间锤度17.68%（自主评价试验数据）。

适宜地区： 适宜在肥力中等以上的平地种植。

内叶耳　　　　　　　　外叶耳

曝光前　　曝光后　　　　　芽　　　　节

崖城71-374（YC71-374）

品种来源：广州甘蔗糖业研究所海南甘蔗育种场以热带种Badila为甘蔗高贵化育种起始亲本，与崖城割手密野生种质进行远缘杂交，育成崖城58-47，之后以崖城58-47为父本，以粤糖54-153为回交母本进行杂交选育而来。

特征特性：大茎，株型直立，中度蒲心；节间呈圆筒形，"之"字形排列，横剖面为卵形，曝光前颜色为黄褐色，曝光后颜色为褐青色，节间长约为8.9厘米，无水裂、有斑块和木栓条纹、蜡粉带明显，节间蜡粉薄；生长带形状膨胀，生长带曝光前黄绿色，曝光后紫褐色，根点为2行，不规则排列；芽形为圆形，无芽沟，芽位低，芽尖有10号毛群，芽小，芽翼大小为狭；叶姿披散，叶色为绿色，叶长为143厘米，叶宽为6.6厘米，易剥叶，叶鞘颜色为绿色，叶鞘有57号毛群；肥厚带形状三角形，颜色呈绿色带紫斑，内外叶耳均退化。

优良特性：中熟，中高糖，中大茎，抗旱，抗逆，耐贫瘠，抗病性强，高经济育种值，易开花，花粉量多，花粉育性好；氮利用效率高，氮利用率162.29（干重）克/克，正常氮条件下SPAD39 ~ 44，叶片氮含量12 ~ 14毫克/克；无氮条件下SPAD34 ~ 37，叶片氮含量10 ~ 11毫克/克。

产量和糖分表现：平均亩产蔗茎6.71吨，11月下旬田间锤度19.40%。

适宜地区：适宜在肥力中等以上的平地种植。

内叶耳　　　　外叶耳

曝光前　曝光后　　　芽　　节

闽糖86-2121（MT86-2121）

品种来源：福建省农业科学院甘蔗研究所从Q61×CP49-50杂交组合中选育，2004年通过福建省非主要农作物品种认定。

特征特性：植株高大，中大茎，节间呈圆筒形，白色蜡粉多，茎色未露光部分浅紫色，曝光后紫红色；芽椭圆形，芽尖抵生长带，芽翼小，芽沟不明显，生长带平，颜色象牙色，曝光后紫红色；根点2～3排，不规则排列，无气生根，无生长裂缝，无木栓斑块，叶宽中等，叶色浓绿，叶较长，叶剑形挺直，无57号毛群，叶舌三角形，内叶耳披针形，外叶耳退化；萌芽快，萌芽率一般，分蘖率强，前期生长快，后期生长旺盛，有效茎数多，粗生耐旱，中晚熟，高产稳产。

优良特性：中抗白条病；高抗嵌纹病、黑穗病、赤腐病、梢腐病和锈病；氮利用效率高，氮利用率142.48（干重）克/克，正常氮条件下SPAD42～44，叶片氮含量13～14毫克/克；无氮条件下SPAD31～35，叶片氮含量9～11毫克/克。

产量和糖分表现：新植宿根平均亩产蔗茎7.80吨，平均蔗糖分14.40%。

适宜地区：适宜在福建、广东、广西、四川、云南等蔗区种植。

内叶耳　　　　　　　　外叶耳

曝光前　　曝光后　　　　芽　　　节

VMC95-88

品种来源： 菲律宾维多利亚制糖公司选育的品种。

特征特性： 该品种株型直立，紧凑，叶6～8厘米宽，叶鞘绿色，蔗茎直立较均匀；蔗芽卵圆形，芽基下平叶痕，芽尖平齐生长带；节间圆筒形，实心，茎色曝光前黄绿色，曝光久后红色；蜡粉厚，芽沟深，无木栓和水裂；叶色黄绿色，外叶耳和内叶耳均退化，叶姿挺直，叶尖下垂，无57号毛群。

优良特性： 氮利用率（干重）147.39克/克，正常氮条件下SPAD34～36，叶片氮含量11～12毫克/克；无氮条件下SPAD29～31，叶片氮含量9～10毫克/克。

产量和糖分表现： 新植宿根平均亩产蔗茎4.06吨，11月下旬田间锤度17.76%。

适宜地区： 适宜在肥力中等以上的平地种植。

内叶耳   外叶耳

曝光前   曝光后   芽   节

C676-17

品种来源：古巴甘蔗育种机构选育。

特征特性：株型直立，紧凑；中茎，节间圆筒形，蔗茎曝光前黄绿色，曝光后红色，茎表皮蜡粉带厚，蔗茎空心，轻度蒲心；生长带不凸出，根点成行排列；芽呈卵圆形，下芽位，芽沟浅；叶姿挺直，叶尖下垂，叶片深绿色，叶片4～5厘米宽，长度较短，叶片松，易脱落；无57号毛群；内叶耳三角形，外叶耳退化。

优良特性：氮利用率（干重）182.83克/克，正常氮条件下SPAD37～42，叶片氮含量11～13毫克/克；无氮条件下SPAD33～35，叶片氮含量10～11毫克/克。

产量和糖分表现：新植宿根平均亩产蔗茎2.3吨，11月下旬田间锤度11.2%（自主评价试验数据）。

适宜地区：适宜在肥力中等以上的平地种植。

内叶耳　　　　　　外叶耳

曝光前　　曝光后　　　　　芽　　节

Q188

品种来源： 澳大利亚糖业试验站管理局选育。

特征特性： 株型直立，紧凑，叶6～8厘米宽，茎绿色，分蘖多且大，中小茎，蔗茎均匀，早熟，稳产，高糖；出苗发株表现一般，分蘖力较强；节间圆筒形，蔗茎曝光前后均呈黄绿色，蜡粉薄，芽沟浅，无生长裂缝和木栓斑，有气生根；芽卵圆形，下位芽，根点黄色，2～3排，排列成行；叶姿挺直，叶尖弯垂，易脱叶，无57号毛群，内叶耳披针形，外叶耳三角形。

优良特性： 氮利用率（干重）147.39克/克，正常氮条件下SPAD35～39，叶片氮含量11～12毫克/克；无氮条件下SPAD30～32，叶片氮含量9～10毫克/克。

产量和糖分表现： 新植宿根平均亩产蔗茎5.36吨，11月平均蔗糖分15.23%。

适宜地区： 适宜在肥力中等以上的平地种植。

内叶耳　　　　　　外叶耳

曝光前　　曝光后　　　芽　　　节

六、广西主栽优良甘蔗品种

桂糖11号（GT11）

品种来源： 品系名GT73-167；广西壮族自治区农业科学院甘蔗研究所从CP49-50×Co419杂交组合中选育，1999年通过全国农作物品种审定。

特征特性： 该品种中大茎，植株微散生；茎遮光部分黄绿带紫，露光后紫色或紫红色，蜡粉厚；节间圆筒形或圆锥形，微有后枕；芽大扁圆形，芽翼宽，在芽中部生起，芽尖具有10号毛群，芽端超生长带，芽基平叶痕或稍离开，芽沟不明显；叶片浓绿，叶鞘淡紫色，容易脱落，蔗茎带有短节出现。

优良特性： 抗旱、抗寒，抗逆性强。

产量和糖分表现： 新植蔗平均亩产蔗茎6.5吨，平均蔗糖分15%。

适宜地区： 适宜在肥力中下至中上的旱坡地种植。

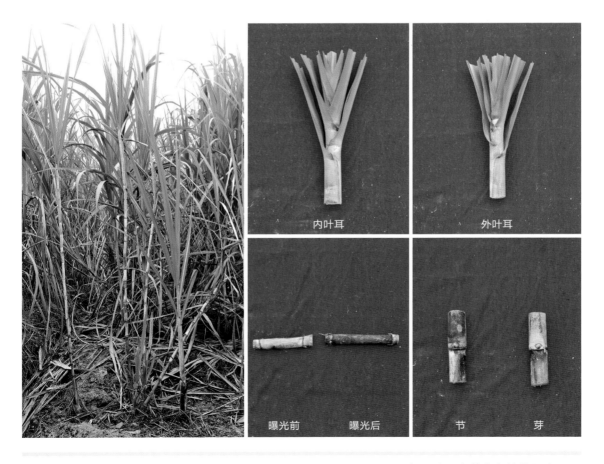

内叶耳　　　　　　　　外叶耳

曝光前　　曝光后　　　　节　　　　芽

桂糖31号（GT31）

品种来源： 品系名GT02-281；广西壮族自治区农业科学院甘蔗研究所从粤糖85-177×CP81-1254杂交组合中选育，2011年通过广西农作物品种审定。

特征特性： 植株高度一般，直立，紧凑，生长整齐，均匀；中至中大茎，节间圆筒形；茎实心，比重大，茎皮曝光前黄绿色，曝光后绿中杂淡紫色；蜡粉层厚度中等，表皮光滑，无芽沟，芽倒卵圆形，芽基离叶痕；芽尖不达生长带；叶鞘绿色，光滑无毛，叶鞘长，下宽上窄，薄，外叶耳退化，内叶耳披针形；叶片长，宽度中等，浓绿色，能自动脱叶。

优良特性： 抗病，抗虫，耐寒性较强。

产量和糖分表现： 新植宿根平均亩产蔗茎6.99吨，平均蔗糖分14.16%。

适宜地区： 适宜在排水良好、土壤肥力中等以上的桂中、桂南旱地和水田蔗区种植。

内叶耳　　　　　　　外叶耳

曝光前　　曝光后　　　　芽　　　节

桂糖32号（GT32）

品种来源： 品系名GT02-208；广西壮族自治区农业科学院甘蔗研究所从粤糖91-976×新台糖1号杂交组合中选育，2011年通过广西农作物品种审定。

特征特性： 植株高，直立；中茎，节间长，圆筒形；茎实心或小空，茎皮曝光前后均为黄绿色，蜡粉少，表皮光滑，无芽沟或芽沟浅；芽卵形，芽基离叶痕，芽尖超过生长带；叶鞘绿色，边缘杂紫红色，57号毛群不发达，外叶耳退化，内叶耳披针形；叶片浓绿色，狭长，叶尾弯曲；甘蔗成熟期剥叶性好，有时可自动脱叶。

优良特性： 耐旱性、耐寒性均较强。

产量和糖分表现： 新植蔗平均亩产蔗茎6.66吨，宿根蔗平均亩产蔗茎6.94吨，平均蔗糖分14.72%。

适宜地区： 适宜在桂中、桂南旱坡地种植。

内叶耳　　　　　　外叶耳

曝光前　　曝光后　　　芽　　　　节

桂糖42号（GT42）

品种来源：品系名GT04-1001；广西壮族自治区农业科学院甘蔗研究所从新台糖22号 × 桂糖92-66杂交组合中选育，2013年通过广西农作物品种审定。

特征特性：植株高大，株型直立、均匀，中大茎，蔗茎遮光部分浅黄色，曝光部分紫红色，实心；节间圆筒形；节间长度中等；蜡粉厚；芽沟不明显；芽菱形，芽顶端平或超过生长带；芽基陷入叶痕；芽翼大；叶片张角较小；叶片绿色；叶鞘长度中等；叶鞘易脱落；内叶耳三角形；外叶耳无；57号毛群短、少或无。

优良特性：丰产稳产性强，宿根性好，适应性广，发芽出苗好，早生快发，分蘖率高，有效茎多，抗倒伏、抗旱能力强，高抗梢腐病。

产量和糖分表现：2011—2012年参加广西区域试验，两年新植和一年宿根试验，甘蔗平均亩产6.78吨；11月至翌年2月平均蔗糖分14.77%。

适宜地区：适宜在排水良好、土壤肥力中等以上的旱地和水田蔗区种植，是广西、云南等地的主栽品种。

内叶耳　　　　　　　外叶耳

曝光前　　曝光后　　　　芽　　　节

桂糖43号（GT43）

品种来源： 品系名GT05-3084；广西壮族自治区农业科学院甘蔗研究所从粤糖85-177×桂糖92-66杂交组合中选育，2013年通过广西农作物品种审定。

特征特性： 株型直立紧凑，中大茎，节间圆筒形，芽沟浅或不明显，蔗茎呈微"之"字形，遮光部分黄绿色，露光后呈棕黄色；芽菱形，芽基离开叶痕，芽尖略超过生长带，芽翼着生于芽中上部、较宽；内叶耳披针形，叶略披垂、叶尖弯曲；有少量57号毛群，易剥叶。

优良特性： 高产高糖，宿根性好，适应性广，发芽出苗好，分蘖率高，有效茎多。

产量和糖分表现： 新植蔗平均亩产蔗茎6.58吨，宿根蔗平均亩产蔗茎6.90吨，平均蔗糖分14.47%。

适宜地区： 适宜在排水良好、土壤肥力中等以上的桂中、桂南旱地和水田蔗区种植。

内叶耳　　　外叶耳

曝光前　曝光后　　　芽　　　节

桂糖45号（GT45）

品种来源：品系名GT05-1141；广西壮族自治区农业科学院甘蔗研究所从粤糖93-159×新台糖25号杂交组合中选育，2014年通过广西农作物品种审定。

特征特性：植株略散，中茎，节间圆筒形，遮光部分绿色，露光部分黄褐色，蜡粉较多，蜡粉带不明显；芽三角形，芽尖超过生长带，芽基近叶痕，芽翼半月形，芽沟不明显；根带2～3行，排列不规则；叶姿略散，叶尾弯曲，叶鞘黄绿色，57号毛群少，内叶耳披针形。

优良特性：早熟、高糖，分蘖力强，有效茎数多，宿根性强，抗旱、抗寒性均强，中抗黑穗病。

产量和糖分表现：广西区域试验两年新植和一年宿根试验，平均亩产蔗茎7.26吨，平均蔗糖分15.03%。

适宜地区：适宜在广西各蔗区中下至中上肥力的旱地种植。

内叶耳　　　　　　外叶耳

曝光前　曝光后　　　　芽　　节

桂糖47号（GT47）

品种来源： 品系名：GT06-1721；广西壮族自治区农业科学院甘蔗研究所从粤糖85-177×CP81-1254杂交组合中选育，2015年通过广西农作物品种审定。

特征特性： 植株直立整齐，均匀，芽圆形，芽沟浅、芽翼小、芽基离叶痕，芽尖齐平生长带；叶夹角小，叶片宽度中等，长度中等，颜色浓绿，叶片厚且光滑，叶鞘长度中等，叶鞘绿色夹红色；茎圆筒形，节间颜色曝光后青黄色至浅红色，曝光前黄绿色；茎表皮光滑，蜡粉少，蔗茎实心，中茎，易剥叶；57号毛群短、多，内叶耳三角形，外叶耳过渡形。

优良特性： 中抗黑穗病、梢腐病，高抗花叶病，抗风抗倒伏能力特别强，抗旱性强；发芽出苗表现好，宿根发株多，宿根性好，分蘖力强；有效茎数多，早熟，高糖、高产、稳产。

产量和糖分表现： 新植蔗平均亩产蔗茎6.97吨，宿根蔗平均亩产蔗茎7.16吨，平均蔗糖分14.44%。

适宜地区： 适宜在排水良好，土壤疏松，中等以上肥力的蔗区种植。

内叶耳　　　　　　外叶耳

曝光前　　曝光后　　　　芽　　　节

桂糖51号（GT51）

品种来源： 品系名GT06-1023；广西壮族自治区农业科学院甘蔗研究所从新台糖20号×崖城71-374杂交组合中选育，2016年通过广西农作物品种审定。

特征特性： 植株直立、整齐，均匀，平均茎径2.72厘米，茎圆筒形，曝光前黄绿色，曝光后灰紫色；茎表皮光滑，蜡粉带明显，中大茎，实心，易脱叶；芽圆形，芽翼较小，芽基平叶痕，芽尖未达生长带，芽沟不明显或无；生长带黄绿色；根点2～3排，排列不规则；叶片绿色，叶片长度和宽度一般，叶鞘紫红色；57号毛群数量中等；内叶耳三角形、小，外叶耳过渡形，易脱叶。

优良特性： 中抗黑穗病、梢腐病，高抗花叶病，抗倒伏性较强。

产量和糖分表现： 广西甘蔗品种区域试验两年新植和一年宿根试验，平均亩产蔗茎6.84吨，平均蔗糖分14.09%。

适宜地区： 适宜在土壤疏松，中等以上肥力的蔗区种植。

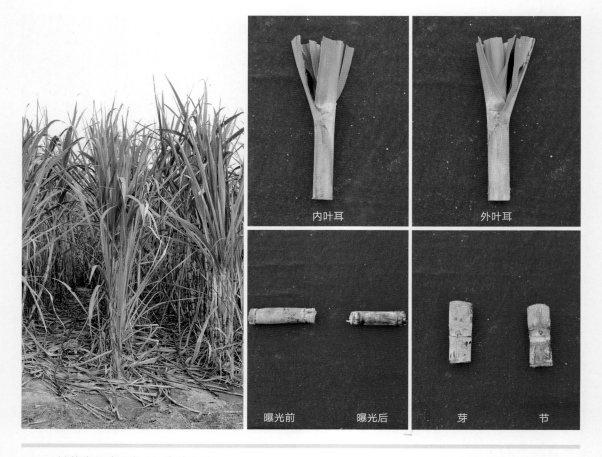

内叶耳　　　　　　外叶耳

曝光前　　曝光后　　　　芽　　　节

桂糖54号（GT54）

品种来源： 品系名GT06-2081；广西壮族自治区农业科学院甘蔗研究所从桂糖00-122×崖城97-47杂交组合中选育，2020年7月通过国家非主要农作物品种登记，登记编号GPD甘蔗（2020）450036。

特征特性： 植株高大、均匀，中大茎，茎圆筒形，蔗茎曝光前红色，曝光后灰紫色，茎表皮光滑，节间长度中等，蜡粉带不明显，节间蜡粉厚度中等，脱叶性好；芽卵圆形，芽翼弧形帽状，宽度中等，芽基离开叶痕，芽尖达到生长带，芽沟不明显；根带宽度中等，根点2～3列，不规则排列；生长带曝光前黄绿色；叶片绿色，叶片宽度和长度中等；叶鞘长度中等；内叶耳披针形，外叶耳三角形；57号毛群数量中等，易脱落；中早熟、高产高糖、宿根性好，蔗茎实心，有效茎多；抗倒伏能力中等。

优良特性： 中早熟、高产高糖、宿根性好，有效茎多，全国甘蔗品种区域试验田间黑穗病发病率3.84%，梢腐病发病率0.88%，花叶病发病率3.88%。

产量和糖分表现： 新植蔗平均亩产蔗茎6.99吨，宿根蔗平均亩产蔗茎6.86吨，平均蔗糖分15.4%。

适宜地区： 适宜在质地疏松，排水良好，肥力中等以上的土壤种植。

内叶耳　　　　　外叶耳

曝光前　　曝光后　　　　芽　　节

桂糖57号（GT57）

品种来源：品系名GT08-1180；广西壮族自治区农业科学院甘蔗研究所从新台糖26号×新台糖22号杂交组合中选育，2020年7月通过国家非主要农作物品种登记。

特征特性：植株高，中大茎，有效茎数多，出苗快而整齐，分蘖多，宿根性好，前期叶片挺直浓绿，蔗茎实心，节间倒圆锥形，侧面微弯曲，曝光久后紫红色，蜡粉层厚，芽体中等，椭圆形，芽翼较大，着生于芽顶部的两侧，芽沟较浅，无生长裂缝和木栓斑块；较抗倒伏，后期不孕穗开花，无气根，不长侧芽。

优良特性：早熟高糖，高产，抗倒伏性强；发芽出苗率一般，分蘖性强，有效茎数多，前期生长速度一般，生长整齐均匀，后期植株直立抗倒伏；对黑穗病的抗性级别为2级，抗性反应型为抗；对花叶病的抗性级别为3级，抗性反应型为中抗。

产量和糖分表现：广西甘蔗品种区域试验两年新植和一年宿根试验，平均亩产蔗茎6.92吨，平均蔗糖分14.85%。

适宜地区：喜水肥好、气温高地区，适当早种植，田间管理好的地块，拔节快，更能发挥其增产特性。

内叶耳　　　　　　外叶耳

曝光前　　曝光后　　　　芽　　　节

桂糖60号（GT60）

品种来源：品系名GT10-2003；广西壮族自治区农业科学院甘蔗研究所从新台糖11号×粤糖99-66杂交组合中选育，2022年3月通过国家非主要农作物品种登记。

特征特性：植株整齐、高大，中大茎，茎圆筒形，蔗茎曝光前浅黄绿色，曝光后黄绿色，茎表皮光滑，节间较长，蜡粉带明显，节间蜡粉量中等，自然脱叶；芽体中等，菱形，芽翼中等，芽基平叶痕，芽尖到达生长带，芽沟明显；根带宽度较小；生长带黄绿色；叶片绿色，直挺，窄小，长度中等；叶鞘长度中等；57号毛群少、短，易脱落；早熟、高产、高糖；宿根性好，有效茎多，实心。

优良特性：高抗梢腐病，中抗花叶病，中抗黑穗病；抗旱能力强，抗倒伏能力中等，脱叶性好等。

产量和糖分表现：广西甘蔗品种区域试验两年新植和一年宿根试验，平均亩产蔗茎6.06吨，平均蔗糖分15.51%。

适宜地区：适宜在旱坡地种植。

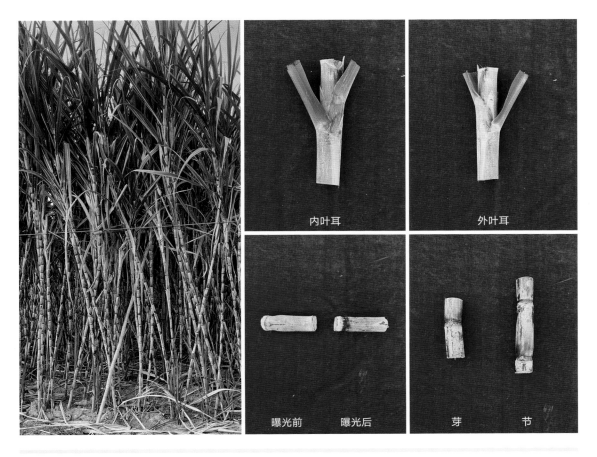

内叶耳　　　　　外叶耳

曝光前　　曝光后　　　　芽　　　节

桂辐98-296（GF98-296）

品种来源： 广西壮族自治区农业科学院甘蔗研究所以常规杂交中间材料桂糖91-131的叶鞘诱导产生胚性细胞团为供体，经Coγ射线辐照诱变选育而成，2012年通过广西农作物品种审定。

特征特性： 植株直立，中茎，节间较长，圆筒形，蔗茎遮光部分青绿色，露光部分青黄色稍带紫红色，蜡粉厚，无生长裂缝；芽圆形，芽基离叶痕，芽尖齐平生长带，芽翼较宽，芽沟不明显，芽有10号毛群，根点3～4排，不规则，叶鞘青黄色，易脱叶，有57号毛群，叶片直立微下垂，内叶耳短，呈三角形。

优良特性： 具有较强的耐旱、耐寒、耐涝等抗逆性能。

产量和糖分表现： 新植宿根蔗平均亩产蔗茎7.3吨，平均蔗糖分14.33%。

适宜地区： 适宜在平坦地区域丘陵地区种植，也适应在700米以上的高海拔地区生长。

内叶耳　　　　　　　　　　外叶耳

曝光前　　曝光后　　　　芽　　节

桂柳05-136（GuiL05-136）

品种来源： 品系名柳城05-136；柳城县甘蔗研究中心从CP81-1254×新台糖22号杂交组合中选育，2014年7月通过广西甘蔗品种审定。

特征特性： 植株直立高大，茎基部稍大，较抗倒伏，生长势强，不早衰，茎梢头部下方叶鞘与蔗茎分离角度大并露出大部蔗茎是该品种的主要特征；中大茎，略椭圆形，茎内容充实，无空心蒲心；茎色随嫩茎变老茎而变化，依次为：黄白-浅红-紫红色-褐色，蜡粉厚；老茎上部节间有明显木栓裂纹是该品种的显著特征；根带黄色，受光变紫红，根点2排；芽体中等，着生于叶痕，嫩芽黄色，受光后转深紫红色；芽尖不超过生长带，芽翼发达并覆盖芽体顶端；叶片青绿色，叶姿挺直，中脉发达，叶片厚，外叶耳三角形，内叶耳长三角形；叶鞘青绿色，受光部分变紫红色，57号毛群较发达；生长后期，叶片成熟后，叶鞘与茎成一定角度分离致叶片容易脱落。

优良特性： 强生长势、早熟、高产、高糖，宿根性好，抗旱、抗寒性好，适应性强。

产量和糖分表现： 2012—2013年国家甘蔗品种区域试验两年新植和一年宿根试验，平均亩产蔗茎6.72吨，平均蔗糖分14.99%。

适宜地区： 适宜在中等肥力以上的蔗地种植，云南主栽品种。

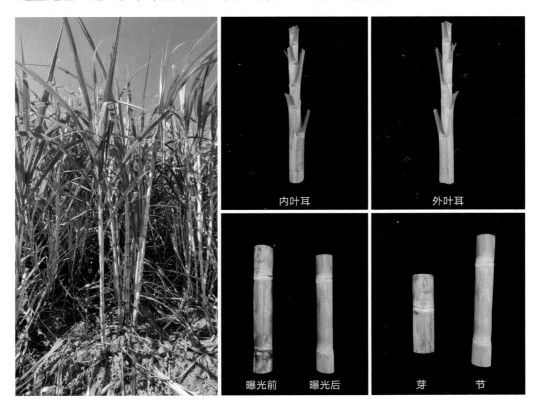

内叶耳　　　　　　外叶耳

曝光前　曝光后　　　芽　　节

桂柳1号（GuiL1）

品种来源： 品系名柳城03-182；柳城县甘蔗研究中心从CP72-1210×新台糖22号杂交组合中选育，2010年通过广西农作物品种审定。

特征特性： 株型紧凑适中，叶片挺立，中至大茎，蔗茎直立均匀；蔗芽芽体中等、圆形，芽基齐平叶痕，芽尖不超过生长带，芽翼较宽，由上而下覆盖至芽体中部；芽孔着生于芽体顶部，根点2～3行；节间圆筒形，节间长，遮光部分茎色黄白色，露光部分深黄色，蜡粉较厚，芽沟不明显，茎内容充实，无生长裂缝和木栓斑块；蔗鞘部叶环距较长，叶片中等，叶色浓绿，叶鞘深绿色，57号毛群发达；外叶耳过渡形，内叶耳小三角形，叶片挺立，在上部1/3处微弯，极易脱叶，老叶常自动脱落。

优良特性： 抗旱、抗寒性好，中感黑穗病。

产量和糖分表现： 新植蔗平均亩产蔗茎6.35吨，平均蔗糖分15.9%。

适宜地区： 适宜在中等肥力以上的蔗地种植，云南主栽品种。

桂柳1号茎

桂柳1号叶姿

桂柳2号（GuiL2）

品种来源： 品系名柳城03-1137；柳城县甘蔗研究中心从HoCP93-746×新台糖22号杂交组合中选育，2011年6月通过广西农作物品种审定，2013年7月通过国家甘蔗品种鉴定委员会鉴定。

特征特性： 蔗芽芽体中等，圆形，下部着生于叶痕，芽尖不超过生长带，芽翼不发达，芽孔着生于芽体中上部，根点2列；生长带青绿色；节间圆筒形，遮光部分茎色黄色，露光部分紫红色，蜡粉较浅，芽沟明显；茎实心或小空，无生长裂缝和木栓斑块；叶姿挺直，叶色青绿，嫩叶鞘青绿色，老叶鞘褐红色，57号毛群不发达；外叶耳过渡形，内叶耳长三角形，易脱叶。

优良特性： 耐旱性、耐瘠性均一般，高感花叶病。

产量和糖分表现： 新植蔗平均亩产蔗茎7.01吨，平均蔗糖分14.52%。

适宜地区： 适宜在肥力中等以上的蔗区种植，云南主栽品种。

桂柳2号茎

桂柳2号叶姿

桂柳07-150（GuiL07-150）

品种来源：柳城县甘蔗研究中心从粤糖85-177×新台糖22号杂交组合中选育，2019年3月获得农业农村部非主要农作物品种登记证书。

特征特性：植株高大，中大茎，蔗茎直立，株型紧凑，生势好；叶鞘（蔗叶壳）有较厚的白色蜡粉层，呈粉白色；老芽鳞片发达，芽顶端较尖，蔗芽芽体中等，呈三角形，下部与叶痕相离，芽尖超过生长带，嫩芽黄绿色，老芽青绿色；根带宽度适中，根点3列，呈不规则排列，节间略细腰形，实心，茎色遮光部分黄绿色，曝光部分紫红色，蜡粉多，芽沟明显，长度中等，叶色青绿，叶鞘青绿色，57号毛群多，外叶耳过渡形，内叶耳三角形，叶姿挺直，容易脱叶。

优良特性：大茎，抗倒伏，蔗茎均匀，丰产性好，分蘗力强，成茎率高，早中熟、高糖、高产，抗病能力强，适应性强，宿根性强，抗寒能力中等，抗旱性强。

产量和糖分表现：国家甘蔗品种区域试验两年新植和一年宿根试验，平均亩产蔗茎6.81吨，平均蔗糖分14.03%。

适宜地区：该品种适应于地力一般的蔗地种植，在水肥条件中等以上的蔗地种植更能发挥其增产增糖的效果。

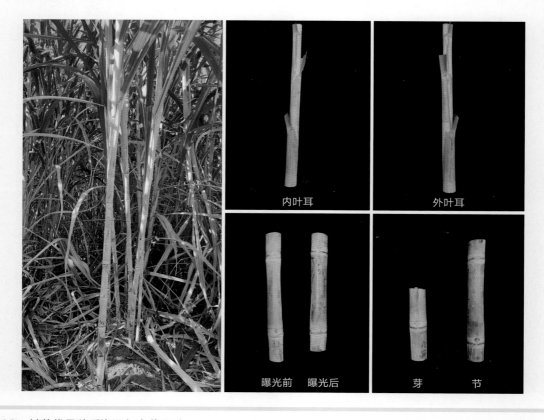

内叶耳　　　　外叶耳

曝光前　曝光后　　　芽　　节

新台糖16号（ROC16）

品种来源：品系名82-2811；台湾糖业研究所从F171×74-575杂交组合中选育，1992年命名推广；1993年从台湾省引入大陆种植，2000年3月通过广东省品种审定委员会的审（认）定。

特征特性：中至中大茎，节间圆筒形，蔗茎充实，无空蒲心现象；蔗茎曝光前黄绿色，曝光后初期淡紫色，后变黄色；蜡粉带厚，节间蜡粉厚度中等；生长带略凸，蔗茎无生长裂缝和木栓斑块；芽为卵形，芽基陷入鞘痕，顶端齐平生长带，芽翼窄，芽孔近芽顶；叶色青绿，叶片直立，尾端弯垂；幼叶鞘淡紫色，老叶鞘淡绿色，叶鞘有薄层蜡粉；肥厚带窄舌形，淡紫红色；内叶耳短披针状，外叶耳平过渡至三角形，有57号毛群；萌芽快而齐，初期生长快，分蘖期较长且旺盛，中后期的生长势旺；蔗株直立，不易倒伏；脱叶性好，毛群较少，便于收获；宿根发株好，宿根性较强；早熟性好，成熟期蔗糖分高，维持时间长，不抽穗开花，原料甘蔗收获后不易变质。

优良特性：抗露菌病、黑穗病、锈病与嵌纹病。

产量和糖分表现：新植宿根蔗平均亩产蔗茎5.22吨，平均蔗糖分14.85%。

适宜地区：适宜在土壤肥力中等以上的蔗区种植。

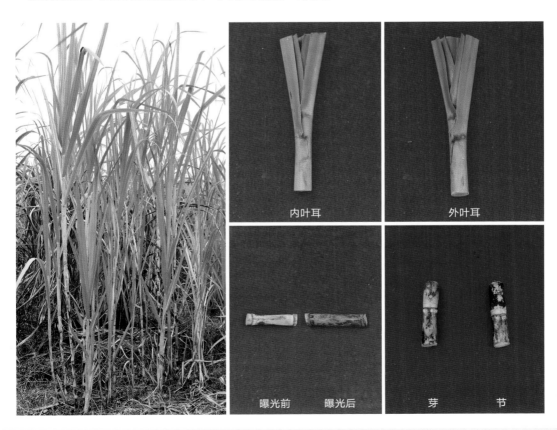

内叶耳　　　　　　外叶耳

曝光前　曝光后　　　　芽　　节

新台糖22号（ROC22）

品种来源：品系名86-7074；台湾糖业研究所从新台糖5号×69-463杂交组合中选育，在1998年由广西壮族自治区农业科学院从我国台湾引进。

特征特性：中至中大茎，叶片绿色，叶身中等，宽度狭窄；形状弯垂呈弓状，未展开叶的叶端1/3处弯垂；易脱叶，叶鞘青紫色，老叶鞘暗紫色，叶鞘覆盖蜡粉明显且分布均匀，57号毛群发达；褶皱带长方形，浅绿色，叶舌呈水平新月形。内叶耳为长披针形，外叶耳为钝三角形；芽体中等，一般呈卵圆形，剥叶前浅黄色，脱叶后棕黄色；芽基稍离叶痕，芽尖顶端超过生长带；芽翼中等宽度，着生于芽的上半部；芽孔近顶端，不甚明显；原料茎，节间倒圆锥形，长度中等，剥叶前为浅黄绿色，剥叶初期呈紫红色，阳光曝晒后呈深紫色；蜡粉带覆有较厚的蜡粉，节间蜡粉亦厚，分布均匀；无生长裂缝，亦无木栓斑块；芽沟明显，自蔗芽顶端直达叶痕；生长带稍凸起，呈浅黄色，曝光后呈暗紫红色；根带剥叶前为浅黄白色，根点2～3列，呈不规则排列。

优良特性：抗旱；抗露菌病、叶枯病、叶烧病、黄锈病、褐锈病；中感嵌纹病，对绵蚜虫反应中等。

产量和糖分表现：新植宿根蔗平均亩产蔗茎7.16吨，平均蔗糖分14.76%。

适宜地区：适宜在华南蔗区的广东、广西、海南、云南四省份的各类土壤种植，更适于在水田、洲地和水浇旱地栽培。

内叶耳　　　外叶耳

曝光前　　曝光后　　　芽　　节

新台糖27号（ROC27）

品种来源： 台湾糖业研究所从F176×CP58-48杂交组合中选育。

特征特性： 植株直立，中至中大茎，原料茎长，节间圆筒形，叶鞘脱落前蔗茎黄绿色，叶鞘脱落后蔗茎经阳光照射渐呈淡绿色，久经曝晒后呈青绿色，茎表面覆盖少量白色蜡粉，根点3～4排，呈不规则排列，芽体中等大，长卵圆形，剥叶前淡黄色，曝光久后绿色，老芽在叶鞘脱落后向外凸出；芽体基部紧接叶痕，芽翼较宽，芽顶端齐平生长带，芽孔位于上半部，叶片绿色，色泽较淡，叶片宽度中等以上，叶片直立，叶姿略散，老叶易黄，容易脱叶，老叶鞘为灰白色，叶鞘覆盖蜡粉不明显，57号毛群不发达，褶皱带呈三角形，叶舌为带形至新月形。

优良特性： 生长速度快、茎长、早熟、高糖；高抗霜霉病、黑穗病新小种、普通柑橘锈病和叶萎病。

产量和糖分表现： 新植宿根蔗平均亩产蔗茎9.24吨，平均蔗糖分14.11%。

适宜地区： 适宜在地力中等或中等以上的沙壤土、壤土、黏土、黏壤土种植。

内叶耳　　　　　　　外叶耳

曝光前　曝光后　　　芽　　　节

福农41号（FN41）

品种来源： 国家甘蔗产业技术研发中心、福建农林大学甘蔗综合研究所、农业农村部福建甘蔗生物学与遗传育种重点实验室联合从新台糖20号×粤糖91-976杂交组合中选育，2014年通过农作物品种审定。

特征特性： 植株高大，中大茎，植株生长直立，茎略"之"字形；节间圆筒形，有短浅芽沟；蔗茎均匀，遮光部分红色，露光部分紫色；无生长裂缝和木栓斑块，蜡粉较厚，无气生根；芽卵圆形，芽基离叶痕，芽尖不过生长带，生长带不凸出，淡黄至黄色，曝光后紫色；根点2～3排，不规则排列；叶鞘黄绿色，较老叶鞘有红条块，叶鞘抱茎松，易脱叶，57号毛群不发达；叶片浓绿，叶片较长，中等宽，叶片斜出，约1/3处弯垂；内叶耳三角形，外叶耳缺。

优良特性： 萌芽快而整齐，出苗率较高，分蘖较早，分蘖力较强，群体结构的自我调节能力强，主茎和分蘖茎差异小；前中期生长快、中后期生长稳健，有效茎较多，宿根性较好，生长整齐，适宜机械化生产；抗黑穗病，中抗花叶病，抗旱性较强，抗倒伏，抗风折。

产量和糖分表现： 2012—2013年参加国家甘蔗品种区域试验，两年新植和一年宿根试验，甘蔗平均亩产6.81吨，11月至翌年3月平均蔗糖分14.90%。

适宜地区： 在我国华南蔗区的福建、广东、广西、云南等省份各种田地类型均可种植。

内叶耳　　　　外叶耳

曝光前　　曝光后　　　芽　　　节

粤糖60号（YT60）

品种来源： 品系名YT03-393；广州甘蔗糖业研究所从粤糖92-1287×粤糖93-159杂交组合中选育，2011年6月通过全国甘蔗品种鉴定。

特征特性： 植株直立、株型紧凑，中大至大茎，节间圆筒形，无芽沟，芽体中等、卵形、基部近叶痕，顶端不达生长带；蔗茎遮光部分浅黄白色，露光部分浅黄色，蜡粉带明显，无气根，蔗茎均匀，茎形美观；根点2～3行，不规则排列；叶色淡青绿色，叶片长度较长，宽度中等，叶中脉较发达，新叶直立，叶姿好（挺直），叶鞘遮光部分浅黄色，露光部分浅绿色；易脱叶，57号毛群不发达，内叶耳枪形，外叶耳缺。

优良特性： 早熟、高糖、丰产、优质，宿根性较好，抗逆性较强，抗风折，适应性广。

产量和糖分表现： 新植宿根蔗平均亩产蔗茎7.05吨，新植蔗11月至翌年1月平均蔗糖分16.12%，宿根蔗11月至翌年1月平均蔗糖分16.42%。

适宜地区： 适宜在地力中等或中等以上的水旱田或旱坡地种植。

内叶耳　外叶耳

曝光前　曝光后　芽　节

七、云南主栽优良甘蔗品种

云蔗05-51（YZ05-51）

品种来源： 云南省农业科学院甘蔗研究所从崖城90-56×新台糖23号杂交组合中选育，2013年通过国家鉴定，2014年广西审定；2015年通过美国农学会新品种登记，并成为云南省重点新产品；2016年获植物新品种权。

特征特性： 早熟高产高糖品种，高产稳定性强；中大茎，实心，脱叶性好，节间长度中等、圆筒形，蜡粉较厚，无水裂，无气根；芽菱形，芽体中等，芽沟浅，不明显，芽翼中等，芽尖超过生长带，芽基与叶痕相平；根带适中；叶尖下垂；内叶耳三角形，外叶耳缺；节间曝光前黄绿色，曝光后紫色；叶片浓绿，57号毛群极少或无；出苗快，整齐，均匀，叶片青秀。

优良特性： 高抗黑穗病，中抗花叶病，抗旱性强，宿根性好；经分子检测，该品种含抗褐锈病基因 *Bru1*。

产量和糖分表现： 新植蔗平均亩产蔗茎6.69吨，宿根蔗平均亩产蔗茎6.59吨，平均蔗糖分15.2%。

适宜地区： 经云南蔗区大面积示范和推广应用，表现出较强的适应性，水田、旱地和贫瘠蔗地均可种植；目前该品种在云南临沧、德宏、西双版纳、保山、普洱、红河、文山、玉溪等主产蔗区大面积推广应用。

内叶耳　　　　　　外叶耳

曝光前　曝光后　　　芽　　节

云蔗08-1609（YZ08-1609）

品种来源：云南省农业科学院甘蔗研究所从云蔗94-343×粤糖00-236杂交组合中选育，2018年通过非主要农作物品种登记，2017年获植物新品种权。

特征特性：早熟、高产、高糖；中大茎，株型紧凑、直立，节间圆锥形，茎色曝光前黄绿色，曝光后黄绿色；芽五角形，芽尖到达生长带，芽翼为弧形帽状，芽基与叶痕相平；叶姿拱形，叶片较宽、青绿色，脱叶性好；内叶耳披针形，外叶耳三角形，叶鞘花青苷显色强度中等，57号毛群稀少，茎实心；出苗好、整齐且壮，苗期长势强，分蘖多，成茎率高，蔗株均匀整齐，叶片青秀。

优良特性：抗旱性好，宿根性强，适应性广，高抗花叶病，中抗黑穗病，具有良好的耐转化特性。

产量和糖分表现：新植蔗平均亩产蔗茎6.95吨，宿根蔗平均亩产蔗茎7.52吨，平均蔗糖分15.5%。

适宜地区：适宜在水田、坝地、旱坡地、台地种植，在中等以上肥力、水肥条件好的蔗地种植增产效果更佳；目前该品种在云南省德宏、临沧、保山、普洱、红河、西双版纳、文山等地蔗区正加快繁育推广，2020年在云南全省核心示范5万亩。

内叶耳　　　　　外叶耳

曝光前　曝光后　　　　芽　　节

新台糖1号（ROC1）

品种来源： 台湾糖业研究所从F146×CP58-48杂交组合中选育，1979年命名推广。

特征特性： 中大茎，节间圆筒形，无生长裂缝，无芽沟；芽圆形，饱满而稍凸出，芽尖未达生长带，芽翼宽度中等；叶片绿色，较短，叶姿直立，脱叶稍易，内叶耳广披针形，外叶耳钝三角形，57号毛群少；萌芽良好，分蘖中等；初期生长快，对土壤水分较敏感，生势好，茎数中等，高产、高糖、特早熟，适应性广，不易倒伏，枯死茎极少，开花茎梢部蒲心，耐肥耐水。

优良特性： 耐旱、耐涝、耐咸、鼠害轻。

产量和糖分表现： 新植宿根蔗平均亩产蔗茎5.57吨，平均蔗糖分14.4%。

适宜地区： 适宜在稍有灌溉的沙壤土、壤土、黏壤土及轻盆地栽培。

内叶耳　　　　　　　　外叶耳

曝光前　　曝光后　　　　芽　　　　节

粤糖86-368（YT86-368）

品种来源：广州甘蔗糖业研究所湛江甘蔗试验站从F160×粤糖71-210杂交组合中选育；1999年通过广东省科学技术委员会组织的技术鉴定，2002年通过国家品种审定委员会审定。

特征特性：中晚熟，中大茎实心，蔗茎均匀，具有高产、高糖、宿根性强、农艺性状好、适应性广和抗逆性强的特点；植株高大直立，蔗茎光滑无水裂，无气根，茎形均匀美观，萌芽、分蘖好，前期生长较慢，拔节后生长快；节间较长，圆筒形，幼嫩部分紫红色，曝光后褐紫色，蜡粉较厚，根带较窄，根点小，2～3行，排列不规则；芽卵圆形或近圆形，不易老化，芽基部近叶痕，顶端不超过生长带，无芽沟；叶片绿色，略短，散生，叶鞘青绿而略带紫色，叶鞘背毛群少至无毛，老叶易脱落，肥厚带较大，呈三角形，内叶耳短钩形，外叶耳过渡形。

优良特性：根系发达，抗逆性强，耐旱、抗风；干旱季节生长优势显著，不易风折和倒伏；对花叶病、黑穗病有较强抗性。

产量和糖分表现：亩有效茎5000条左右，平均亩产蔗茎6～8吨，丰产潜力大，11月至翌年1月平均蔗糖分14.14%。

适宜地区：适宜不同生态条件和不同土壤类型蔗区种植，尤以中等以上肥力的旱地种植最能发挥其种性。

内叶耳　　　　外叶耳

曝光前　曝光后　　　芽　节

川糖79-15（CT79-15）

品种来源： 四川省制糖糖料工业研究所从川糖61-380×川糖4号杂交组合中选育。

特征特性： 茎中大、圆筒形，节间长度中等，略呈"之"字形，有细浅芽沟，蔗茎遮光部分浅黄白色，露光部分黄绿色，蜡粉中厚，蜡粉带不明显，无水裂、无气根；根点2～3行，不规则排列；芽体中等、卵形，顶端超出生长带；芽翼着生于芽的上部，较小；萌芽孔位于芽的顶端；叶色浅绿，叶片长度、宽度中等，心叶直立，叶姿挺直，极易脱叶；该品种中熟，萌芽快、齐，平均出苗率62.9%，分蘖率146.7%。

优良特性： 宿根性强，宿根发株数多，蔗苗整齐、分布均匀，植株生长速度较快；对黑穗病具有较强的抗性。

产量和糖分表现： 新植蔗平均亩产蔗茎7.5吨，宿根蔗平均亩产蔗茎8.4吨，平均蔗糖分15.02%。

适宜地区： 适宜在我国广东、广西、云南、海南、福建等蔗区，地力中等或中等以上的旱坡地、水旱田（地）种植，可与早熟品种搭配种植，以冬植或早春植为宜。

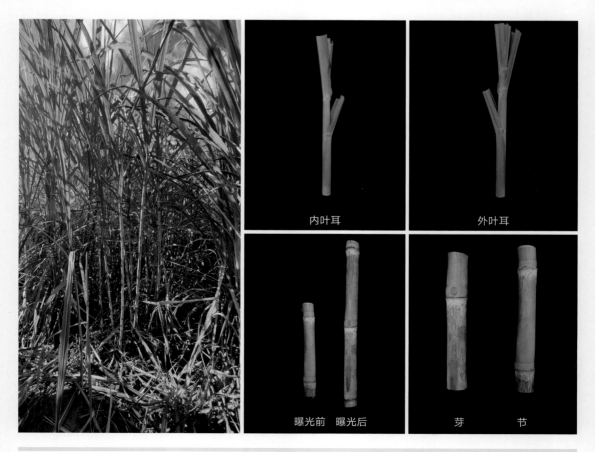

内叶耳　　　　　　　　　外叶耳

曝光前　曝光后　　　　　芽　　　节

云蔗05-49（YZ05-49）

品种来源： 云南省农业科学院甘蔗研究所从崖城90-56×新台糖23号杂交组合中选育。

特征特性： 中大茎，实心，节间中等，呈圆筒形，植株高大直立，茎呈直立形，蔗茎遮光部分浅红色，曝光后紫红色；无木栓，无生长裂层，生长带平行于根带，根点排列不规则；蔗芽与根带平行，近似椭圆形，无芽沟；叶姿披散，叶色为绿色，叶片中等长，宽度较宽；脱叶性好，叶鞘毛群少，内叶耳尖三角形，外叶耳三角形；糖分一般，苗期生势强，出苗率低，分蘖率低，有效茎少，蔗茎均匀直立，群体整齐美观，全期生长一般，宿根性较好。

优良特性： 抗寒性优良。

产量和糖分表现： 新植蔗平均亩产蔗茎7.4吨，宿根蔗平均亩产蔗茎8.2吨，平均蔗糖分14.79%。

适宜地区： 适宜在湿润气候生态蔗区及气候相似的其他蔗区推广应用，如在云南瑞丽和陇川蔗区种植，植株综合性状表现较好。

内叶耳　　　　外叶耳

曝光前　曝光后　　　芽　　　节

云瑞06-189（YR06-189）

品种来源： 云南省农业科学院甘蔗研究所瑞丽育种站从新台糖22号 × 云瑞99-113杂交组合中选育。

特征特性： 大茎，轻度空心；节间中等，节间呈圆筒形，植株较矮，茎呈直立形，蔗茎遮光部分淡紫色，曝光后紫色；无木栓，有生长裂层，生长带平行于根带，根点排列不规则；蔗芽高于根带，近似三角形，有浅芽沟；叶姿披散，叶色绿色，叶片中等长，宽度略宽；脱叶性好，叶鞘毛群中等，内叶耳尖三角形，无外叶耳。

优良特性： 糖分高。

产量和糖分表现： 新植蔗平均亩产蔗茎5.86吨，宿根蔗平均亩产蔗茎5.63吨，平均蔗糖分15.37%。

适宜地区： 适宜在中等以上肥力的蔗田和有一定灌溉条件的旱地种植，加强苗期管理。

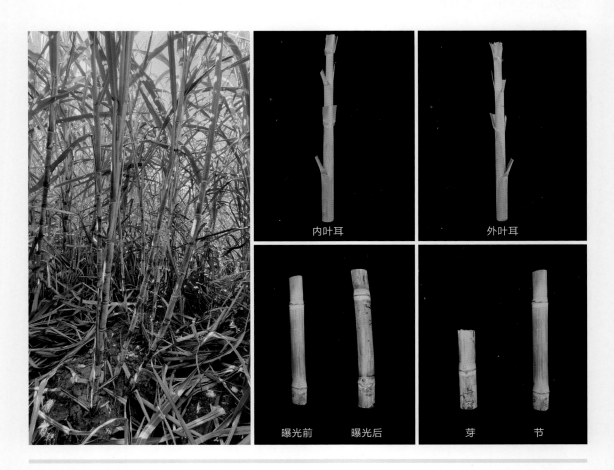

内叶耳　　　　　　　外叶耳

曝光前　　曝光后　　　　　　芽　　　节

盈育91-59（YingYu91-59）

品种来源： 云南德宏盈江县甘蔗技术推广站从CP72-1210×崖城84-125杂交组合中选育，2005年通过德宏农作物品种认定。

特征特性： 中大茎，植株直立，生长整齐，节间长度中等，蔗茎圆筒形，生长带微凸，蔗茎基部粗大，后期梢部轻度蒲心；芽卵形，凸起，无芽沟；蔗茎遮光部分淡黄色，曝光后翠绿色，蜡粉中等，无水裂、无气根，叶片宽大披垂，叶姿散，鞘背无毛，正常年份有抽穗现象；萌芽快，萌芽率高，分蘖中等，成茎率高，拔节中等，有效茎多，单茎重，抗倒伏性强，脱叶性好。

优良特性： 中晚熟、高糖、高产稳产，宿根性好、抗倒伏，在自然条件下尚未发现黑穗病的发生。

产量和糖分表现： 新植蔗平均亩产蔗茎7.68吨，宿根蔗平均亩产蔗茎7.5吨，平均蔗糖分14.94%。

适宜地区： 适宜在肥力中等以上的水田、坝地种植。

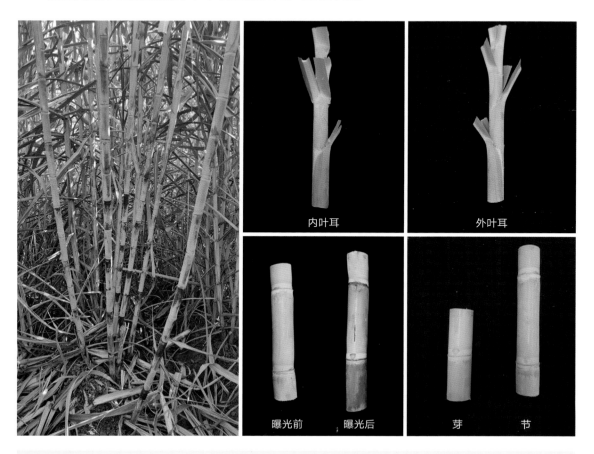

内叶耳　　　　　　　　外叶耳

曝光前　曝光后　　　　芽　　节

闽糖69-421（MT69-421）

品种来源：福建省农业科学院甘蔗研究所从CP33-310×F134杂交组合中选育。

特征特性：中大茎，蔗茎略"之"字形，茎皮深绿色，见光后淡红色，节间较长，圆锥形，芽倒卵形，芽翼较大，无芽沟，叶片深绿色，叶窄、直立，叶鞘背毛群容易脱落，脱叶性好。

优良特性：萌芽率高，分蘖力强，苗期生长略慢；高产、高糖、宿根性强、适应性好，农艺性状和经济性状优良。

产量和糖分表现：新植蔗平均亩产蔗茎8.70吨，平均蔗糖分14.34%。

适宜地区：适宜在云南、广东、广西地力中等或中等以上的旱地或水浇地种植。

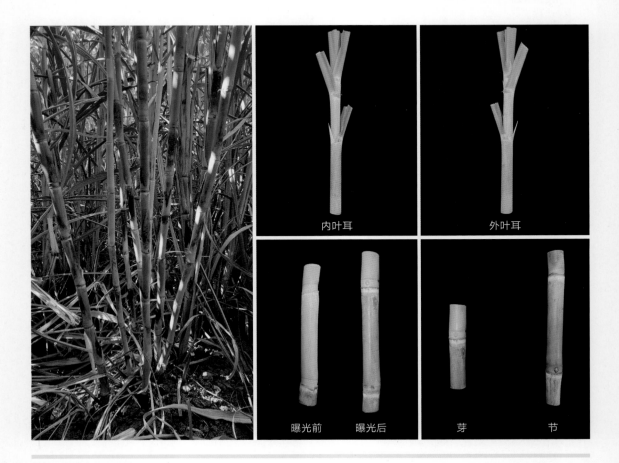

内叶耳　　　　　　　外叶耳

曝光前　曝光后　　　芽　　　节

德蔗03-83（DZ03-83）

品种来源： 德宏傣族景颇族自治州甘蔗科学研究所从粤糖85-177×新台糖22号杂交组合中选育，2011年通过非主要农作物品种登记。

特征特性： 株型直立，蔗茎圆筒形，基部粗大，茎色黄绿色，曝光后淡红色，有少量生长裂缝和木栓条纹，有黑色蜡粉；芽菱形，芽体中等，芽尖超过生长带，有芽沟，根点3～4列，不规则；叶姿披散，叶片青秀，无病斑，叶鞘绿色、毛少，脱叶性特好；叶舌新月形，外叶耳退化，内叶耳三角形；不孕穗；高产稳产、中熟、高糖、中大茎，出苗率高，分蘖强，宿根发株多，宿根性好，成茎率高，有效茎多。

优良特性： 抗逆性强，高抗黑穗病，无花叶病、眼点病和黄叶综合症等甘蔗主要病害发生，抗旱性强。

产量和糖分表现： 新植蔗平均亩产蔗茎7.19吨，宿根蔗平均亩产蔗茎9.20吨，平均蔗糖分14.44%。

适宜地区： 适宜在中等肥力的旱坡地、坝地、水浇地和排灌良好的水田种植，在湿热蔗区种植，更具有增产增糖潜力。

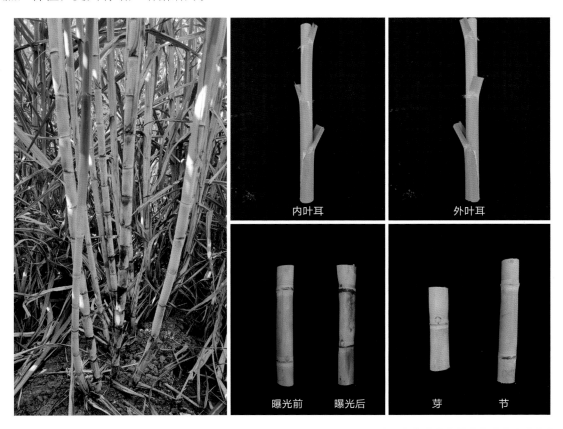

内叶耳　　　　　外叶耳

曝光前　曝光后　　　芽　　节

德蔗 93-88（DZ93-88）

品种来源： 德宏傣族景颇族自治州甘蔗研究所从崖城71-374×CP72-1210杂交组合中选育，2003年通过云南省品种审定。

特征特性： 中茎，株型直立，节间圆筒形，茎皮绿色，有蜡粉；芽小、卵圆形，芽基齐叶痕，芽顶齐生长带，无芽沟；个别节间有水裂，无气根，蔗茎基部实心，梢部轻度蒲心，外叶耳退化，内叶耳短三角形，叶鞘背毛少，易脱叶。

优良特性： 高产、高糖，出苗率高，出苗快，分蘖率高，成茎率中上，生长势中等，生长整齐，有效茎多，后期长速慢，蔗茎细小，单茎重小。

产量糖分表现： 一般亩产蔗茎4.5～5吨，早熟，糖分高，甘蔗蔗糖分，11月13%以上，12月以后15%以上，高峰期可达17%，平均15.3%。

适宜地区： 适宜在水田或二台坝地种植，适当增加下种量，以保证足够的基本苗，早施、重施追肥，早防虫管理，以满足生长需要；早收砍入榨，充分发挥早熟高糖的优良种性。

内叶耳　　　　　　　　外叶耳

曝光前　曝光后　　　　芽　　　节

粤糖79-177（YT79-177）

品种来源：广州甘蔗糖业研究所从华南56-21×崖城73-226杂交组合中选育，1990年通过技术鉴定。

特征特性：茎径粗度中等，株型直立，蔗茎遮光部分黄白色，露光部分紫褐色，节间圆筒形，芽卵形，饱满；叶短窄且弯曲，叶色淡绿，叶鞘青带红色；具有萌芽好，分蘖力强，前、中期生长旺盛，生长量大，植株高，中茎，有效茎数多，糖分高，早中熟，高产、稳产，宿根性好等特性。

优良特性：适应性广，高产稳产；耐旱耐瘠，抗逆性强，粗生易种；萌芽快、整齐，前中期生长特快；宿根性好，可留多年宿根，宿根发株好；糖分较高，属中早熟种。

产量和糖分表现：新植蔗平均亩产蔗茎6.4吨，宿根蔗平均亩产蔗茎6吨，平均蔗糖分14.09%。

适宜地区：适宜在云南、广东、广西地力中等或中等以上的旱地或水浇地种植。

内叶耳　　　　　　　　　　外叶耳

曝光前　曝光后　　　芽　　　节

云瑞07-1433（YR07-1433）

品种来源：云南省农业科学院甘蔗研究所瑞丽育种站从云瑞99-159×L75-20杂交组合中选育，2014年通过非主要农作物品种登记。

特征特性：生长迅速，植株高大、中大茎、直立、晚花，脱叶性好，单株性状较好、抗倒伏；内叶耳披针形，根点2行、排列散；芽菱形，芽翼宽，芽尖超过生长带；适应性广，丰产性、稳产性均较好，高产、高糖。

优良特性：耐瘠薄、抗干旱。

产量和糖分表现：2014—2015年国家第10轮甘蔗品种区域试验崇左市农业科学研究所试验点结果，新植蔗平均亩产蔗茎7.13吨，宿根蔗平均亩产蔗茎5.87吨，平均蔗糖分13.70%。

适宜地区：适合在陇川及与其生态条件相似的蔗区种植。

内叶耳　　　　　　　外叶耳

曝光前　曝光后　　　　芽　　节

云蔗03-103（YZ03-103）

品种来源：云南省农业科学院甘蔗研究所从粤糖91-976×CP85-1432杂交组合中选育。

特征特性：株型紧凑，中大茎，蔗茎均匀、粗大、实心，脱叶性好；茎色曝光前灰白色，曝光后青黄色，节间腰鼓形，无水裂，无气根，蜡粉少，根点不规则；芽倒卵形，芽体中等，芽尖与生长带平齐，芽沟浅且较长；叶片长，叶姿披散，叶鞘曝光前绿色，曝光后褐色，57号毛群较少，有褐斑，内外叶耳退化，肥厚带呈长三角形，颜色黄色。

优良特性：出苗好，生势中等，有效茎多，抗倒伏，脱叶性好，高产、高糖，综合性状优良。

产量和糖分表现：新植蔗平均亩产蔗茎8吨，平均蔗糖分15.87%。

适宜地区：适宜在云南及气候条件相似的华南蔗区中，选择水肥条件较好的台地、水浇地、坝地、水田及土层深厚旱坡地栽种。

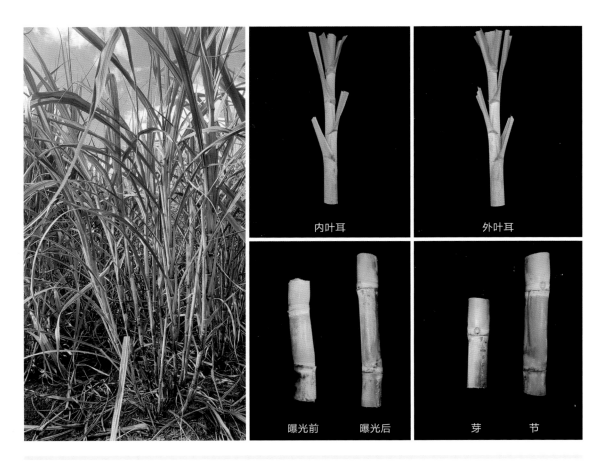

内叶耳　　　　　　　外叶耳

曝光前　曝光后　　　芽　　节

云蔗03-194（YZ03-194）

品种来源： 云南省农业科学院甘蔗研究所从新台糖25号×粤糖97-20杂交组合中选育，2011年通过非主要农作物品种登记。

特征特性： 中早熟、丰产、高糖，蔗茎直立均匀，无大小茎，株型紧凑，中大茎，节间曝光前后均为黄绿色，节间较长、圆筒形，蜡粉较少，灰色，无水裂，无气根，无空心，无蒲心；芽为菱形，芽体较大，芽沟较浅，芽翼较宽，芽尖到达生长带，芽基与叶痕相平；根点3行，较规则；苗期叶姿披散，中后期顶部叶片斜直，叶尖倒立，中等长度，较宽大；无57号毛群；内叶耳三角形，外叶耳缺，肥厚带颜色为黄绿色，脱叶性特好；出苗率高，幼苗整齐，均匀；分蘖早、分蘖性好；发株早，早生快发，生势好，宿根性好。

优良特性： 抗倒伏、抗旱性和抗寒性均强，高抗黑穗病，抗花叶病、梢腐病和黄叶综合症等病害。

产量和糖分表现： 新植蔗平均亩产蔗茎7.8吨，宿根蔗平均亩产蔗茎6.54吨，平均蔗糖分14.47%。

适宜地区： 适宜在台坝旱地及水肥条件一般的地块种植，适宜在云南、广西、广东、福建等蔗区肥力中等以上的蔗区种植，在燥热蔗区种植，品种优势更明显。

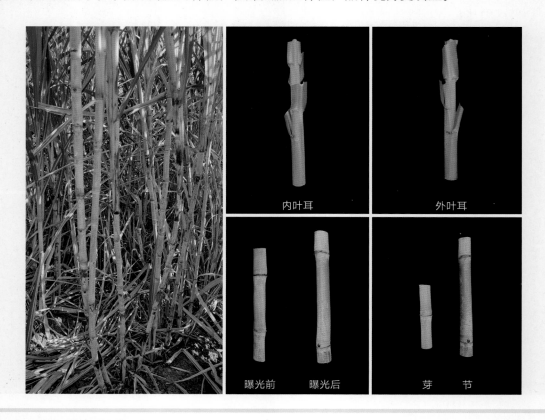

内叶耳　　　　　　外叶耳

曝光前　曝光后　　　芽　节

闽糖70-611（MT70-611）

品种来源： 福建省农业科学院甘蔗研究所从CP49-50×F134杂交组合中选育，1978年通过科技成果鉴定和品种审定，1979年荣获农业部农牧技术改进一等奖。

特征特性： 植株直立，中大茎，见光后呈暗紫色，节间长，节大，生长带凸起，芽大，近圆形，芽尖不过生长带，无芽沟，叶鞘毛少，易剥，分蘖力弱。

优良特性： 中熟、高产、高糖，宿根性强，适应性好，农艺性状和经济性状优良。

产量和糖分表现： 新植宿根蔗平均亩产蔗茎7.76吨，平均蔗糖分13.72%。

适宜地区： 适宜在云南、广东、广西地力中等或中等以上的旱地或水浇地种植。

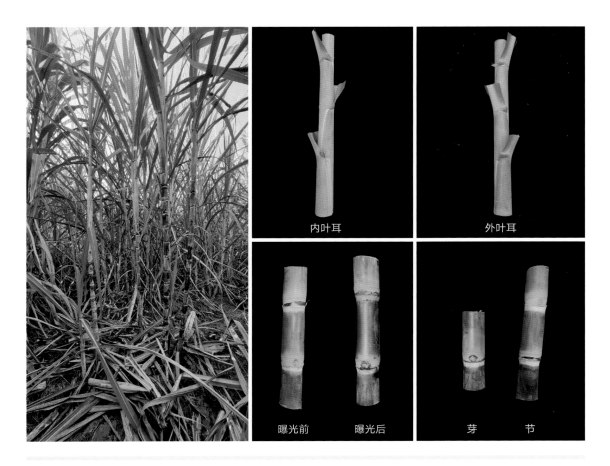

内叶耳　　　　　　外叶耳

曝光前　　曝光后　　　　芽　　　节

云蔗89-151 (YZ89-151)

品种来源： 云南省农业科学院甘蔗研究所从赣蔗64-137×内江57-416杂交组合中选育，1999年通过国家品种审定。

特征特性： 早中熟、高糖，出苗率较高，早生快发，拔节早，前中期生产速度快，分蘖成茎率高，亩有效茎5500多条，中至中大茎，蔗茎均匀，株型微散，节间长，圆筒形，茎节略呈弯拐状，茎色淡紫，曝光后紫色，蜡粉多，无生长裂缝及木栓条纹；芽小，卵圆形，芽沟浅，芽基平叶痕，芽顶刚及生长带，叶片较长，窄而挺直，叶尖下垂，叶色青绿，内叶耳长披针形，外叶耳退化，叶鞘背毛少，脱叶性中等。

优良特性： 宿根性强，适应性广，耐旱，耐寒，抗黑穗病和褐条病。

产量糖分表现： 在云南省区域试验和示范试验中，平均亩产6～8吨，11月至翌年2月平均蔗糖分14.28%。

适宜地区： 适宜在云南旱地及四川、广西相似生态类型的蔗区栽培，以海拔1600米以下的旱地、水浇地增产潜力最大；宜适当密植，行距80～90厘米，植沟宜深，覆土宜浅；有条件的蔗区宜施足基肥，早追肥，适当高培土，促使根系发达健壮，防倒伏；注意对螟虫和绵蚜的防治。

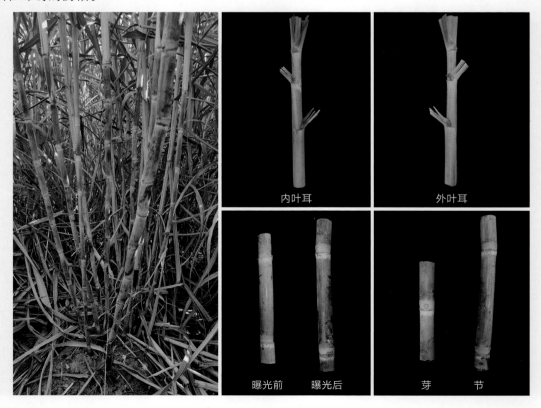

内叶耳 外叶耳

曝光前 曝光后 芽 节

云蔗 71-388（YZ71-388）

品种来源： 云南省农业科学院甘蔗研究所从云蔗65-225 × 崖城59-818杂交组合中选育。

特征特性： 中大茎，蔗茎均匀，节间长，圆筒形，微呈弯拐状，茎皮淡紫色，蜡粉较多，叶色深绿，叶片较窄、直立，叶与茎的夹角小，鞘背毛多；萌芽快，萌芽率高且整齐；分蘖中等，成茎率高；宜适当密植，一般亩有效茎6000条，前期生长快，不易开花，无空心蒲心，宿根性好，抗倒伏。

优良特性： 适应性广，抗旱，抗倒伏，根系发达，宿根性极好。

产量和糖分表现： 新植蔗平均亩产蔗茎6.39吨，宿根蔗平均亩产蔗茎6.9吨，平均蔗糖分14.0%。

适宜地区： 适宜在水田、坝地、旱坡地、台地种植，在中等以上肥力、水肥条件好的蔗地种植，增产效果更佳。

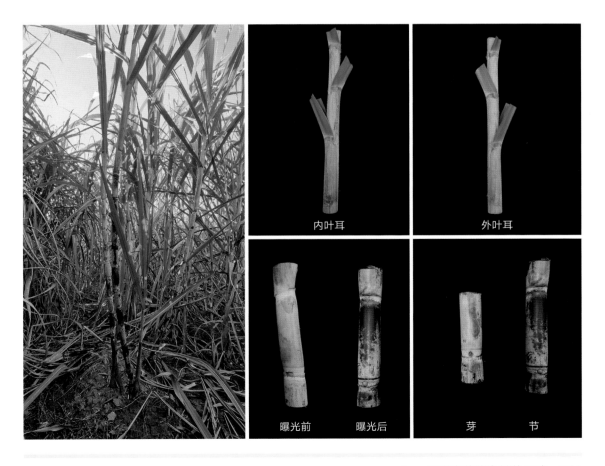

内叶耳　　外叶耳

曝光前　曝光后　　芽　节

福农38号（FN38）

品种来源： 品系名FN02-5707；福建农林大学甘蔗综合研究所从粤糖83-257×粤糖83-271杂交组合中选育，并于2013年通过国家鉴定。

特征特性： 植株高大，中至中大茎，节间圆筒形，节间较长，茎皮遮光部分黄绿色，露光部分黄褐色；蜡粉较多，无气生根；芽卵圆形，芽翼较大，芽基离叶痕，芽尖平齐生长带；根带淡黄至褐色，2～3列，不规则排列；叶片较长，中等宽，叶片斜出，叶尖下垂；叶鞘青绿，偶有褐斑；易脱叶，57号毛群不发达；内叶耳为短披针形，外叶耳羽化；中熟、高糖、丰产；萌芽势和萌芽率均较高，苗壮，分蘖力强，分蘖成茎率高，宿根性好。

优良特性： 高抗黑穗病，高抗花叶病，中抗梢腐病；抗旱性强，耐冷性较强，较抗倒伏。

产量和糖分表现： 新植蔗平均亩产蔗茎6.9吨，宿根蔗平均亩产蔗茎6.8吨，平均蔗糖分15.35%。

适宜地区： 适宜在肥力中等或中等以上的水田、洲地、旱坡地和水旱地种植，适宜在华南蔗区如福建、广东、广西、云南地区冬植、秋植或早春种植。

内叶耳　　　　　外叶耳

曝光前　曝光后　　　芽　节

海蔗22号（粤糖09-13）

品种来源： 广东省科学院南繁种业研究所从粤糖93-159×新台糖22号杂交组合中选育，2017年7月通过广东省农作物品种审定委员会审定（粤审糖2017003），2018年9月通过农业农村部品种登记【GPD甘蔗（2018）440016】，2021年6月获农业农村部植物新品种权。

特征特性： 中大至大茎，植株生长直立；节间圆筒形、排列直立，横剖面为圆形，无水裂，实心，芽沟不明显；蔗茎遮光部分黄色，露光曝晒后浅黄绿色，蜡粉带明显；无气根，蔗茎均匀；根点2～3行，排列不规则，芽体中等，近似三角形，基部离叶痕，顶端超生长带，芽翼较小，着生于芽的上半部，萌芽孔在芽的中上部；叶色青绿，叶片长度、宽度中等，心叶直立，老叶弯垂；叶鞘遮光部分浅青绿色，曝光部分深紫色，易脱叶，57号毛群较疏，内叶耳退化，外叶耳三角形。

优良特性： 中熟、高糖、丰产稳产，耐寒力较强，高抗黑穗病和花叶病，宿根性好、适应性广。

产量和糖分表现： 新植宿根蔗平均亩产蔗茎6.7吨，平均蔗糖分15.37%。

适宜地区： 广西、云南、广东、海南等蔗区均可种植。

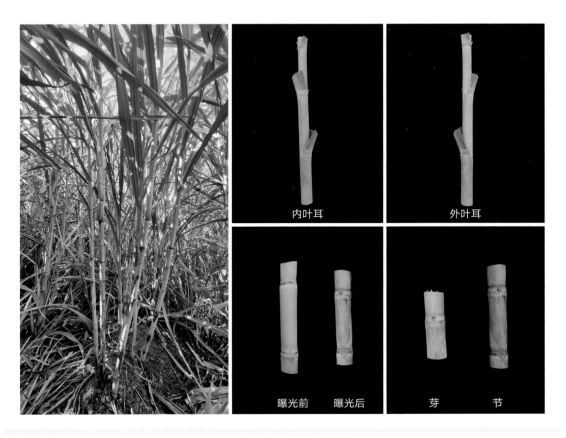

内叶耳　　　　　　外叶耳

曝光前　曝光后　　　芽　　节

图书在版编目（CIP）数据

甘蔗优异种质资源与主栽品种 / 黄东亮，张保青，
黄玉新主编．—北京：中国农业出版社，2023.2
ISBN 978-7-109-30447-5

Ⅰ.①甘… Ⅱ.①黄… ②张… ③黄… Ⅲ.①甘蔗-
种质资源②甘蔗-品种 Ⅳ.①S566.102

中国国家版本馆CIP数据核字（2023）第032165号

GANZHE YOUYI ZHONGZHI ZIYUAN YU ZHUZAI PINZHONG

中国农业出版社出版
地址：北京市朝阳区麦子店街18号楼
邮编：100125
责任编辑：李 瑜 王琦瑢
版式设计：王 晨 责任校对：刘丽香 责任印制：王 宏
印刷：北京通州皇家印刷厂
版次：2022年12月第1版
印次：2022年12月北京第1次印刷
发行：新华书店北京发行所
开本：787mm×1092mm 1/16
印张：9
字数：225千字
定价：99.00元